Illustrator
設計新手
必學工作術

數位新知 著

五南圖書出版公司 印行

序言

    Illustrator是Adobe家族的產品之一，由於它提供許多的向量繪圖工具，可自由設計造形圖案，又有圖表、3D物件、特效、段落樣式設定、筆刷等功能，功能之強大使它成為美術設計師和網頁設計師所愛用的軟體之一。不管是學校或補習班，都將它列為美術與設計科系學生所必學的軟體之一，甚至是資訊資管相關科系，也都將它列入課程的選修科目。

    本書提供授課教師在教授Illustrator軟體時的教材，適合基礎入門課程之用。對於該軟體的各項功能技巧，都有深入淺出的說明。在整合運用篇中，也提供多個範例的操作說明，諸如：商用名片設計、旅遊導引圖、插畫創作、雜誌稿製作等。透過實例的操作練習，更能讓學生從實作中加深技巧的應用。對於進階功能的使用及商場上經常運用的技巧也多所著墨，許多基礎書中不會介紹的重要技巧，在本書中都有詳實介紹，期望讓莘莘學子們在進入職場時都可以應付自如，花最少的時間來做出最大的效能，快速成為業者倚重的好幫手。

    本書盡可能將作者多年來對軟體的使用心得做完整的介紹，期望讓初學者都能快速變成美術設計高手，本書盡量力求內容完整無誤，若仍有疏漏之處，還望各位不吝指正！

目錄

第八章　徹底研究統計圖表工作術 ⋯⋯⋯⋯⋯ 181

第九章　一手掌握完美輸出的匠心計 ⋯⋯⋯⋯ 203

第一章

Illustrator 工作初體驗

Illustrator是一套向量式的美工繪圖軟體，利用它可進行插畫、海報、文宣等列印稿，甚至於網頁、行動裝置、影片視訊也都難不倒它。在這一章中我們先為大家介紹Illustrator的工作環境，熟悉環境才能快速進入學習的殿堂。

1-1 認識工作環境

要學習軟體的使用，首先要對工作環境有所認知，如此一來當我們提到某個工具或功能指令時，各位才能快速找到並跟上筆者的腳步。

1-1-1 使用者介面

各位由「開始」功能表選擇「Adobe Illustrator 2021」指令，啟動程式後會先看到如下的歡迎畫面，由畫面下方可以快速建立預設的空白文件，如果有特殊的尺寸需求，可按下左側的 鈕再輸入所需的尺寸即可。

按「新建」鈕
可建立特殊的
規格

由此建立常用
的空白文件

此處我們先選擇「明信片」，就能進入使用者的操作介面：

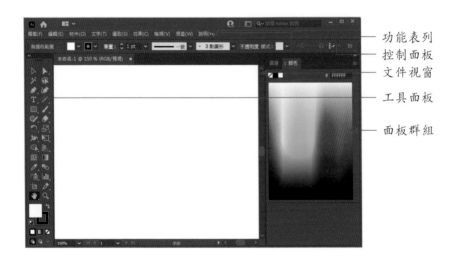

功能表列
控制面板
文件視窗

工具面板

面板群組

目前看到的使用者介面是顯現中等暗度，如果想要改變介面的明亮程度，可執行「編輯 / 偏好設定 / 使用者介面」指令，再針對個人喜好進行變更。

由此下拉選擇
使用者介面的
亮度

CHAPTER

1

1-1-2 文件視窗

　　每一個開啟的文件視窗都會包含文件視窗索引標籤、畫布、文件編輯區、檢視比例、工作區域導覽列、狀態列等部分。

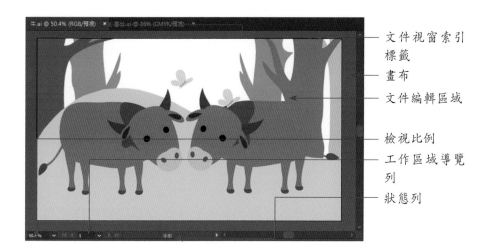

文件視窗索引
標籤
畫布
文件編輯區域

檢視比例
工作區域導覽
列
狀態列

文件視窗索引標籤

　　位在視窗左上角處，用於顯示檔案名稱、檔案格式、目前的顯示比例、色彩模式、檢視模式及關閉文件視窗鈕。程式中若開啟兩個以上的文件，它會以索引標籤的方式顯示於上方，以方便使用者做切換。

文件編輯區域

　　中間白色部分，並以黑框包圍住的部分是我們所設定文件尺寸，也就是文件編輯的區域範圍。不過，一個文件視窗不一定只有一個文件編輯區域，透過工作區的新增，也能同時呈現多個文件編輯區域。如下圖示：

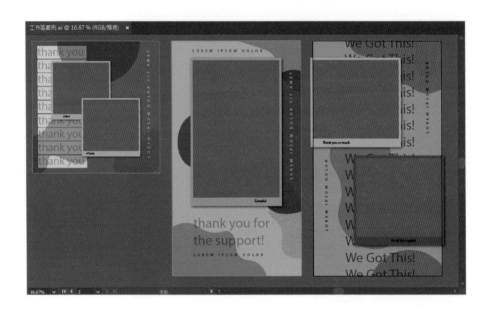

畫布

　　黑框之外的深灰色區域稱之為「畫布」，可作為編輯物件的暫存區。預設值會依照使用者所設定的介面亮度而有所不同，若要將畫布設為白色，可執行「編輯 / 偏好設定 / 使用者介面」指令做修正。

檢視比例

　　由箭頭下拉可以選擇各種縮放比例，方便使用者觀看文件的整體效果或文件細節，選單中的「符合螢幕」會以最恰當的比例將整個文件編輯區域完全顯現。

工作區域導覽列

　　同一份文件視窗中若有多個工作區域，可由該處做切換。若要新增或刪除工作區域，則是透過「視窗／工作區域」指令開啟「工作區域」面板作設定。

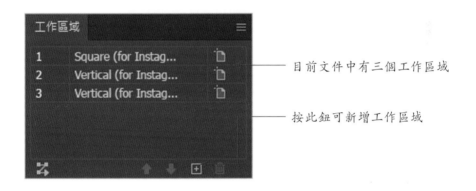

目前文件中有三個工作區域

按此鈕可新增工作區域

狀態列

　　狀態列在預設狀態是顯示目前所選用的工具，若從右側箭頭下拉，也可以選擇以工作區域名稱、日期時間等作為顯示。如圖示：

CHAPTER

1

1-1-3 功能表列

　　功能表列將Illustrator中的各項功能指令分類存放，主要區分成檔案、編輯、物件、文字、選取、效果、檢視、視窗、說明等九大類。

| Ai | 🏠 | 檔案(F) | 編輯(E) | 物件(O) | 文字(T) | 選取(S) | 效果(C) | 檢視(V) | 視窗(W) | 說明(H) |

　　功能表列的右側還包括兩個輔助鈕，■■∨ 鈕是「排列文件」，而■ 鈕則是「工作區切換器」，如下圖所示。

由此針對個人工作重點來選擇適合的工作環境

　　程式中如果有多個文件視窗同時被開啓，利用「排列文件」■■∨ 鈕可以選擇文件的排列方式。至於「工作區切換器」■ 鈕主要讓使用者針對個人工作的重點來選擇適合的工作環境。由於設定的工作區不同，所顯示的工具位置也不相同，而本書主要使用「傳統基本功能」的工作區來做介紹，這樣提及某一功能按鈕時，各位就可以快速找到。

1-1-4 面板

　　Illustrator程式中所包含的面板數相當多，最常使用到的是左側的

「工具」面板，為主要的繪圖編修工具，另外還有視窗右側的「面板群組」，它會因為工作區的不同而顯示不同的面板群組。除了預設的面板群組外，其他需要用到的面板則可以由「視窗」功能表做勾選。

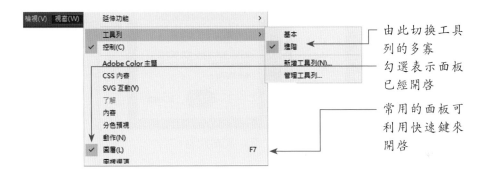

由此切換工具列的多寡

勾選表示面板已經開啟

常用的面板可利用快速鍵來開啟

　　為適用各種層面的用戶，Illustrator將工具列分為「基本」和「進階」兩種，執行「視窗／工具列」指令可進行切換，差別在於工具鈕的多寡。另外，執行「視窗／控制」指令會在視窗上方顯示或隱藏「控制」面板，此面板會依據使用者選用工具鈕的不同而顯示不同的控制項目，這也是各位經常會用到的面板。

1-1-5 面板操作技巧

　　在面板的操作上，主要利用「展開／收合」◀◀ 鈕來控制面板的展開或收合。

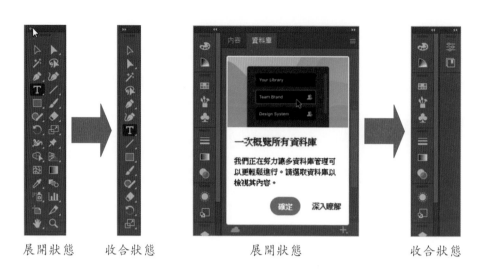

展開狀態　　　收合狀態　　　　　展開狀態　　　　　收合狀態

在面板群組部分，設定不同的工作區所顯示的面板會不相同。基本上各種面板是以「按鈕」或「標籤」方式呈現，直接以滑鼠點選「按鈕」或「標籤」即可開啟該面板。

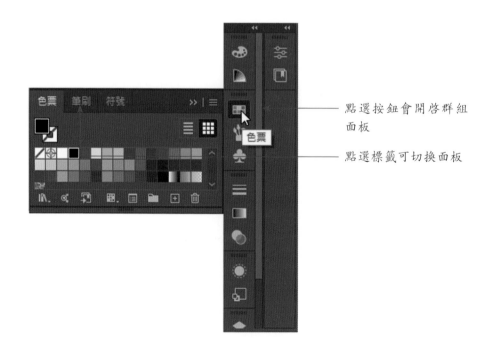

點選按鈕會開啟群組面板

點選標籤可切換面板

1-2 工具大集合

　　Illustrator有多達八十多種繪圖工具和編修工具，為了有效的呈現所有工具，在工具鈕的右下角如果出現三角形的圖示，就表示裡面還有其他工具可以選用。如圖示：

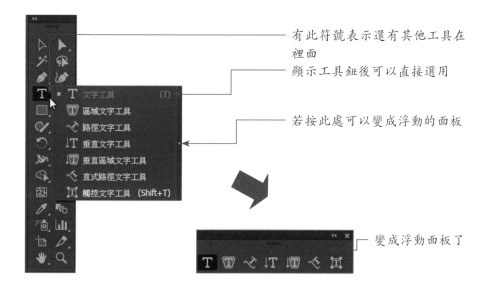

有此符號表示還有其他工具在裡面

顯示工具鈕後可以直接選用

若按此處可以變成浮動的面板

變成浮動面板了

　　依據工具的屬性，Illustrator的工具大致上可分為九大類別：選取工具、圖形工具、文字工具、繪圖與上彩工具、變形工具、符號工具、圖表工具、切割工具、輔助工具等。部分的工具還提供有對應的選項視窗或面板，可供各位在使用前設定相關屬性，例如：線段區域工具、繪圖筆刷工具、鉛筆工具、平滑工具、點滴筆刷工具、橡皮擦工具等工具皆屬之。

CHAPTER

1

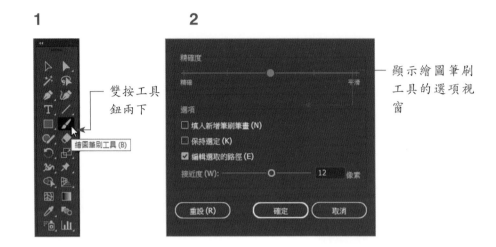

1　　　　　2

雙按工具
鈕兩下

顯示繪圖筆刷
工具的選項視
窗

1-3 設計輔助工具

從事美術設計時，有些輔助工具各位不可不知，因為它能幫助各位在工作時更便利。諸如：尺標、參考線、格點等，都是做精確測量時的最佳利器。

1-3-1 尺標

尺標是設計時經常用到的丈量工具，執行「檢視 / 尺標 / 顯示尺標」指令，就會在文件視窗的上方與左側看到尺標。如果想要改變尺標的度量單位，按右鍵於尺標上，於快顯功能表上即可選擇像素、公分、公釐、英吋等度量單位。

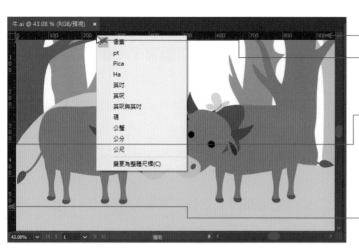

水平尺標

按右鍵於尺標
處可設定尺標
單位

尺標原點預設
鈕，按滑鼠兩
下此鈕可回復
（0,0）的預
設值

垂直尺標

　　預設的尺標會以左上角的尺標原點作為原點（0,0），若要改變原點位置，可由尺標原點按下滑鼠左鍵不放，拖曳到畫面上的期望位置上，即可產生新原點。

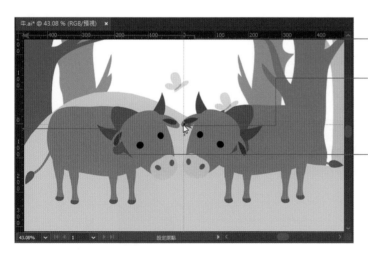

1. 按尺標原點
不放

2. 拖曳滑鼠到
此位置後放開
滑鼠

3. 尺標原點的
位置已經改變
了

CHAPTER

1

加油站

Illustrator中的尺標有三種類型,可利用「檢視/尺標」指令進行變更。各種尺標的用途說明如下:

- 尺標:當一個文件視窗中有多個工作區時,「尺標」的原點會依據使用者所點選到的作用工作區的左上角來顯示尺標原點。
- 整體尺標:皆以文件視窗最左側及最上方的工作區原點作為尺標原點。
- 視訊尺標:用於視訊畫面編輯時的尺標,它會以螢光綠的色彩顯示尺標。

1-3-2 格點

　　對於具有對稱性的版面設計,各位可以利用格點來作為參考。執行「檢視/顯示格點」指令可在文件視窗中顯示格點,由於它不會顯示在圖形之上,因此並不會妨礙到畫面的編輯,同時列印時也不會顯現出來。在移動圖形時,如果希望圖形可以貼齊格點,可執行「檢視/靠齊格點」指令。

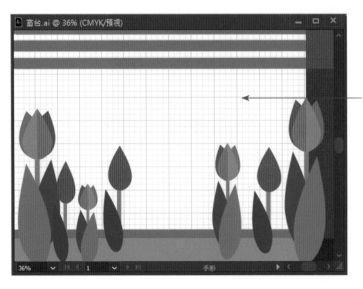

格點會顯示於圖形之下

CHAPTER

1

　　若想要自訂格點的樣式、顏色或間隔，可執行「編輯 / 偏好設定 / 參
考線及網格」指令，再由「格點」的欄位中做設定。

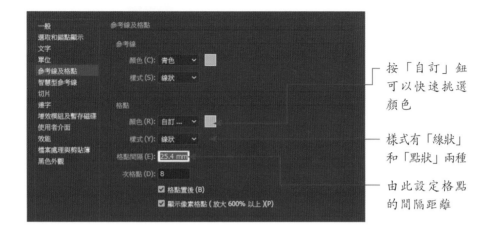

按「自訂」鈕
可以快速挑選
顏色

樣式有「線狀」
和「點狀」兩種

由此設定格點
的間隔距離

1-3-3 參考線

　　Illustrator的參考線共分兩種，一種是一般參考線，一種是智慧型參
考線。

一般參考線

　　在尺標開啓後，由尺標往文件編輯區中拖曳即可產生參考線，參考線
是浮現在圖形之上的線條，它不會列印出來，可作爲對齊或分割版面之參
考。

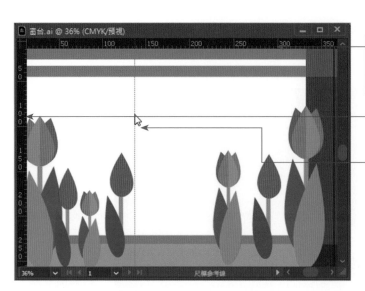

由水平尺標往
下拖曳可產生
水平的參考線

1.按於左側的
垂直尺標不放

2.往右拖曳至
此後放開滑
鼠，即可顯現
垂直參考線

　　參考線若要隱藏／顯現，或是需要鎖定不被移動，可以由「檢視／
參考線」的指令中做勾選。至於多餘的參考線，只要點選後按鍵盤上的
「Delete」鍵即可刪除。

智慧型參考線

　　在「檢視」功能表中，若有勾選「智慧型參考線」的選項，那麼在移
動或旋轉圖形時，它會在文件視窗中即時性的顯現一些輔助線條，方便使
用者對齊其他物件的邊緣或中心點，或作為編輯時的參考。

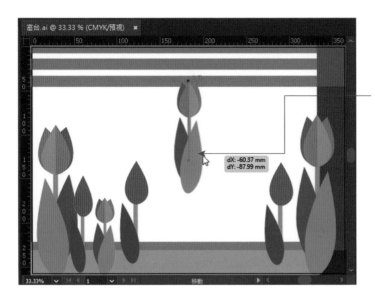

點選此圖形並往上移動，移動過程中，即可隨時看到不同的智慧型參考線，並顯現與其他圖形的對齊關係

CHAPTER

1

執行「編輯／偏好設定／參考線及網格」指令可以設定參考線的顏色和樣式，而智慧型參考線的設定則是透過「編輯／偏好設定／智慧型參考線」指令來設定。

課後習題

實作問答題

1. 請試著將Illustrator使用者介面的顏色設為「中等淺色」。

2. 請執行「檔案／開啓舊檔」指令開啓範例檔「工作區範例.ai」，請將畫布的色彩由灰色更換成白色。

3. 請在Illustrator軟體中，將工作區設定為網頁設計師常用的工作區域。

4. 請在Illustrator軟體中開啓尺標，並將度量單位設為「公分」。

5. 請說明Illustrator中的尺標分為哪三種，並說明它們之間的差異處。

第二章

一學就會操作懶人包

對於新手來說，文件的建立或開啟、物件的選取與編輯、圖層的使用、檔案的儲存備份等，都是新手必備的操作技巧，這一章通通把它準備妥當，新手只要依序學下來就能開始做設計。

2-1 文件的建立與開啟

文件是設計師創作圖形或編排版面的地方，由於會使用Illustrator軟體來從事設計的人員包含了平面設計師、美術設計師、網頁設計師、視訊影片工作者等，因此在新增檔案時可以針對各類工作的需求來選擇適合的文件類型和文件檔。

2-1-1 新增檔案

要新增文件，除了在首頁的歡迎視窗中選擇常用的規格外，按下 新建... 鈕或執行「檔案／新增」指令就會顯現「新增文件」視窗，選擇文件類型後再由右側面板中設定所需的文件尺寸。

CHAPTER

2

1.依據輸出用途先選擇文件類型

2.由此區塊可點選預設的空白文件

也可以由面板設定所需尺寸

➢ 行動裝置：完成的作品可使用在iPhone或iPad等裝置。

➢ 網頁：提供常用的螢幕尺寸可以選用。

➢ 列印：提供A4、信紙、列印-大尺寸、法律資訊等紙張尺寸可選用。

➢ 影片和視訊：提供HDV、HDTV、4K UHD、8K FUHD等視訊尺寸可選用。

➢ 線條圖和插圖：包含明信片、海報或螢幕尺寸可以選用。

文件若是要出版印刷，請選擇「列印」的類別，其預設的進階模式為CMYK，300 PPI。若是滿版的出版品則必須設定出血的尺寸，一般為3mm或5mm。如果完成的作品將在螢幕上呈現，通常都會使用RGB的色彩模式，點陣特效則為72 PPI。

加油站

當印刷物的背景非白色時，通常在設計時會以顏色填滿整個背景。所謂「出血」就是在文件尺寸的上、下、左、右四方各加大3mm或5mm的填滿區域，如此一來，當印刷完成後以裁刀裁切文件尺寸時，即使

對位不夠精準，也不會在文件邊緣出現未印刷到的白色紙張，如此畫
面才會完美無缺。

　　了解基本的概念後，現在我們試著新增一個具有兩個工作畫板的列印
文件。

1.先選擇「列印」

2.輸入文件名稱

3.工作畫板設
　為「2」

4.設定文件方向

5.設定出血的範圍

6.按此鈕建立

7.要編輯的文件
　尺寸已經設定
　完成

紅色線框就是出
血部分，非白色
底的圖案造形就
必須編排到紅色
框線上

2-1-2 工作區域的增減與變更

　　在建立文件後如果發現文件尺寸需要修正，或是需要增加／刪減工
作區域，這時候就可以利用「工作區域工具」 及其「控制」面板來調

整。

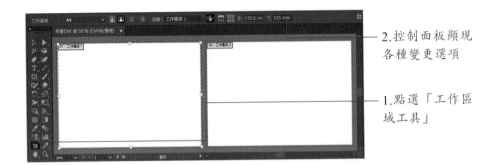

2.控制面板顯現
各種變更選項

1.點選「工作區
域工具」

設定工作區域名稱

　　預設的工作名稱是以「工作區域1」、「工作區域2」……顯示，不
過各位可以自行輸入貼切的名稱，以利辨別。

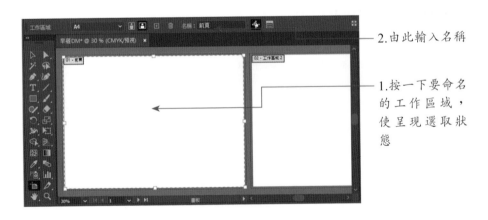

2.由此輸入名稱

1.按一下要命名
的工作區域，
使呈現選取狀
態

變更工作區域尺寸或排列方向

　　工作區域的尺寸若需更換，可由「選取預設集」下拉做選擇，而直排
或橫排的調整則是由 ▤ 和 ▤ 鈕做切換。

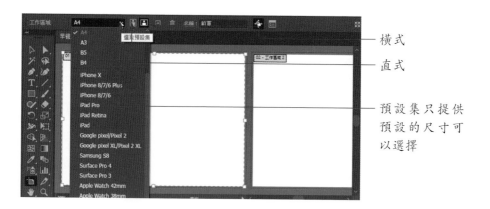

橫式

直式

預設集只提供
預設的尺寸可
以選擇

預設集中只提供常用的尺寸可以選擇，若要更改為特殊尺寸，請在「控制」面板上按下「工作區域選項」📟鈕，再進入如下視窗做更改。

名稱 (N):	前頁		
預設集 (P):	A4		∨
寬度 (W):	297 mm	X(X):	148.5 mm
高度 (H):	210 mm	Y(Y):	105 mm
方向 :	🔲 🔳		
□ 強制等比例 (C)			

由此輸入要編
輯的尺寸

新增與刪除工作區域

萬一工作區域不敷使用，按下「新增工作區域」➕鈕可以自行設定新增工作區域的放置處。若要刪除多餘的工作區域，可按下「刪除工作區域」🗑 鈕來移除。

顯示標記符號

製作印刷稿件時，通常都要在文件上標示中心標記及十字線符號，以

CHAPTER

2

利對版之用,而製作視訊時也需要知道視訊安全區域。如下圖所示:

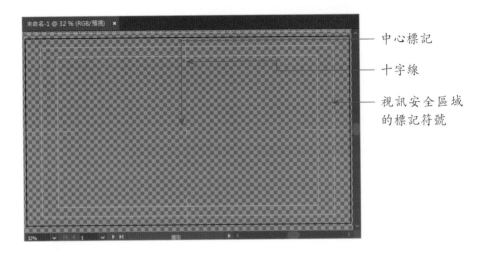

— 中心標記

— 十字線

— 視訊安全區域
的標記符號

這些常用的標記都可以直接從「控制」面板的「工作區域選項」▥
鈕中進行設定。

— 有勾選才會在
文件中顯示該
標記

2-1-3 下載精美範本

Illustrator軟體也有提供各種實用的範本,不管是行動裝置、網頁、
列印、影片和視訊、線條和插圖等,只要從該類別中點選想要使用的範本
縮圖,再按「下載」鈕進行下載即可。

1.點選類別

藍色的勾勾表
示已下載

2.點選喜歡的
範本縮圖

3.按此鈕進行
下載

稍等一下，「下載」鈕會變成「開啓」鈕，同時縮圖左上角會顯示藍
色的勾選鈕，按下「開啓」鈕文件就會顯示在工作區中，直接使用「選取
工具」點選物件即可進行編修。

　　除了精美的範本可以快速下載和編修外，Illustrator也有提供空白的範本檔案，內容包含CD外殼、小冊、T恤、促銷、信箋、橫幅、網站和DVD選單等，執行「檔案／從範本新增」指令即可看到這些「空白範本」。

2-1-4 開啟舊有檔案

　　對於已經編輯過的Illustrator文件，在首頁下方就可以將最近編輯過的檔案顯示出來，直接點選檔案縮圖即可開啟。

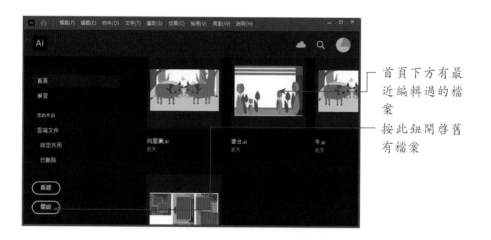

首頁下方有最
近編輯過的檔
案

按此鈕開啓舊
有檔案

CHAPTER

2

　　按下首頁的 開啟... 或是執行「檔案／開啓舊檔」指令，除了開啓Il-
lustrator特有的*.ai格式外，其他Illustrator所支援的格式，諸如：*.psd、
.jpg、.eps、*.wmf、*.txt等都可以利用「開啓舊檔」指令將檔案開啓。

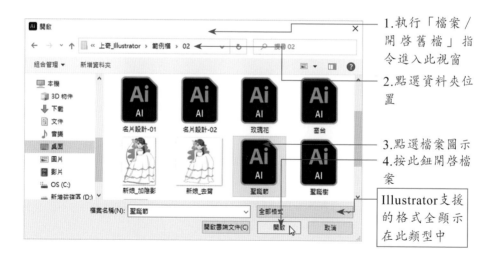

1.執行「檔案／
　開 啓 舊 檔」指
　令進入此視窗

2.點選資料夾位
　置

3.點選檔案圖示

4.按此鈕開啓檔
　案

Illustrator支援
的格式全顯示
在此類型中

　　雖然向量格式的圖檔和文字檔都可以利用「開啓」鈕開啓至Illustra-
tor中繼續編輯，不過建議初學者最好使用「檔案／置入」的功能，因爲
「置入」功能必須在已開啓的文件中才能使用，在文件確定後才將圖文插

入，這樣可以避免因觀念不清楚而導致作品尺寸不對的窘境。

　　另外，當文件中的字型有遺失時，也就是電腦上找不到相對應的字體，那麼會出現如下圖的視窗，如果Adobe有支援該字體，可直接按下「啓動字體」鈕來啓動該字體，如果該按鈕呈現灰色無作用時，那麼就按下「尋找字體」鈕來自行設定。

文件中的字型有遺失

2-2 物件的選取與編輯

　　對於文件的新增、開啓與修正有了明確的認知後，接下來我們要來學習圖形物件的選取與編輯技巧。透過選取，Illustrator才知道哪個圖形需要做變更，才能針對使用者指定的指令來處理圖形。

2-2-1 選取工具

「選取工具」 用來選取造形圖案，不管是單一物件、多個物件、群組物件，都可以利用它來選取。

➤ 單一物件：直接以滑鼠按在該物件上即可選取。

➤ 多個物件：要選取多個物件可加按「Shift」鍵，然後依序點選要選取的物件。若已被選取的物件，加按「Shift」鍵再點選一次，也可以取消選取狀態。

選取單一物件　　　　　　　加按「Shift」鍵可選取多個物件

➤ 群組物件：以滑鼠按在群組物件上，即可選取群組物件。

群組的物件包含多個圖形物件，群組後利於變形處理

CHAPTER

2

選取圖形後，若要取消選取狀態，只要在圖形外的空白處按一下滑鼠就可以取消。另外也可以使用快速鍵，「Ctrl」+「A」鍵可以選取全部，而「Ctrl」+「Shift」+「A」鍵則是取消選取。

加油站

在「選取」功能表中也提供各種的功能可以選用。以範例中的雪花為例，利用「Shift」鍵一一點選可能要花較多的時間，而且可能出錯，但是選取一個雪花後，執行「選取／相同／外觀」指令，就可以較快速選取相同的白色外觀。而要去掉屋頂的白色，只要再加按「Shift」鍵點選屋頂即可。

2-2-2 直接選取工具

「直接選取工具」 ▶ 主要用來選取或調整貝茲曲線上的錨點及方向控制點。因此在選取圖形物件後，由上方的「控制」面板來針對路徑的部分做填色、筆畫或不透明度的設定，再按於錨點上，就可以針對錨點做轉換或移除。

3.由控制面板可以設定屋頂的填滿顏色或外框色彩

1.點選「直接選取工具」

2.按一下白色屋頂的圖形

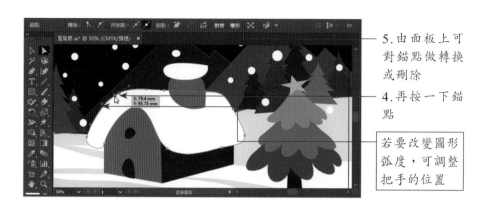

5. 由面板上可
對錨點做轉換
或刪除

4. 再按一下錨
點

若要改變圖形
弧度，可調整
把手的位置

CHAPTER

2

2-2-3 群組選取工具

　　「群組選取工具」　　用來選取群組內的造形圖案和群組圖案，若是
多重群組的造形，則每一次點選都會自動增加階層中的下一個群組的所有
物件。如下圖範例，左側的每一朵花是個別的群組，而四朵花又群組再一
起。現在利用「群組選取工具」來選取圖形。

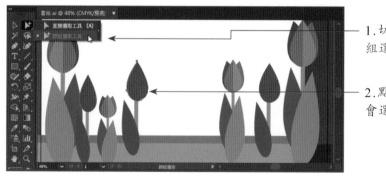

1. 切換到「群
組選取工具」

2. 點選此圖形
會選取該造形

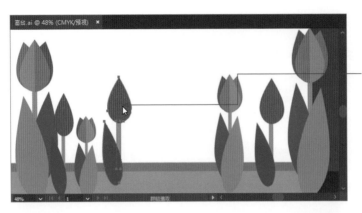

3. 第二次點選
   該圖形會選取
   整朵花的造形

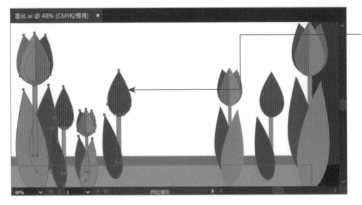

4. 第三次點選
   該造形，則會
   選取四朵花的
   群組

2-2-4 物件搬移

在選取圖形之後，電腦就知道哪個區域範圍要進行編輯，因此要搬動圖形或物件位置，只要利用滑鼠拖曳其位置就行了。

1.點選「選取工具」

2.按住聖誕樹的群組物件不放，往左拖曳到房屋的旁邊再放開滑鼠，即可完成物件的位移

CHAPTER

2

　　各位也可以使用鍵盤上的上／下／左／右鍵來做微調的動作，若要設定微調的距離，可以利用「編輯／偏好設定／一般」指令，來設定「鍵盤漸增」的數值。

由此微調每次上下左右鍵移動的距離

2-2-5 物件複製

　　要複製物件，各位最熟悉的方式就是利用「編輯／拷貝」和「編輯／貼上」指令來處理。您也可以考慮加按「Alt」鍵來位移選取的物件，它會自動複製一份圖形物件，另外按「Ctrl」＋「D」鍵可以相同距離來重複複製物件，這樣可以加快等距離的圖形複製。

CHAPTER

2

1. 點選「選取工具」

2. 選取聖誕樹的群組物件

3. 加按「Alt」鍵並位移到此處後放開滑鼠，可看到聖誕樹已複製一份

4. 接著按「Ctrl」+「D」鍵3次，聖誕樹整齊的沿著坡地排列

2-2-6 物件的變形處理

要對圖形物件進行變形處理，除了利用左側的任意變形工具、旋轉工具、鏡射工具、縮放工具、傾斜工具外，執行「物件／變形」指令，也可以選擇移動、旋轉、鏡射、縮放、傾斜等變形方式。以下我們跟各位一起探討這些變形的操作技巧：

「任意變形工具」

　　物件選取時，其上下左右及四角的控制點即可進行拉長、壓扁或等比例的縮放，另外八邊的控制點皆可做旋轉的處理。

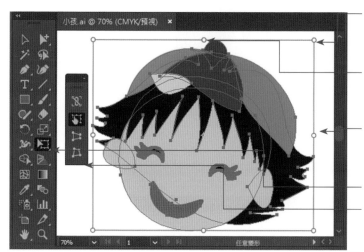

可做等比例的縮放或旋轉處理

可做上下方向的壓扁／拉長或旋轉處理

可做左右方向的壓扁／拉寬或旋轉處理

任意變形工具

任意變形工具提供的四個工具鈕

　　另外，在選取圖形旁邊還提供四個工具鈕可做選擇，由上而下依序為「強制」、「任意變形」、「透視扭曲」、「隨意扭曲」。

旋轉工具

　　可以決定中心點的位置，使物件依照指定的中心點來旋轉角度。

CHAPTER

2

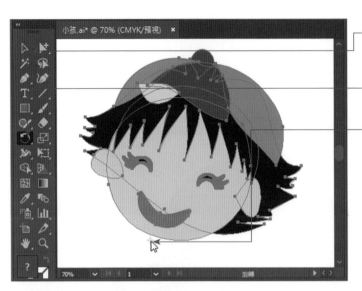

1. 以「選取工具」選取頭部的群組造形

2. 點選「旋轉工具」

3. 按點一下此處，將中心點位置由額頭處移到下巴處

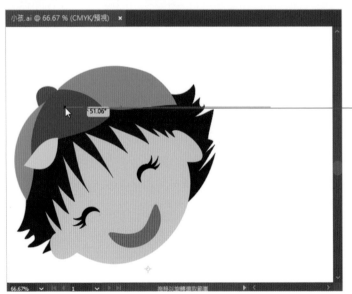

4. 拖曳圖形時就會看到小孩的頭是以下巴為基準點來做旋轉

　　若要旋轉特定的角度，可按滑鼠兩下於「旋轉工具」🔄鈕，即可在如下的視窗中做設定。

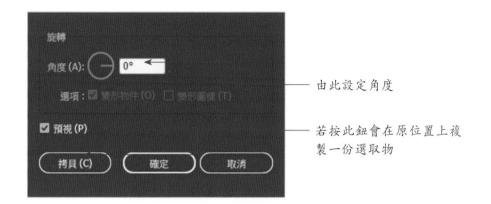

由此設定角度

若按此鈕會在原位置上複製一份選取物

CHAPTER

2

鏡射工具

　　鏡射工具是以座標軸為基準，來對選取物做水平方向或垂直方向的翻轉，也可以做任意角度的翻轉。

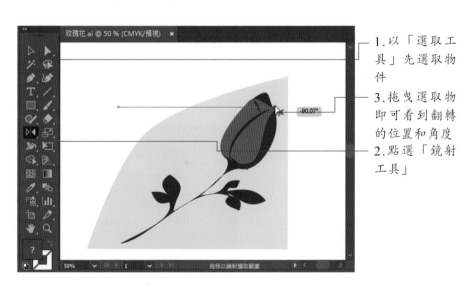

1.以「選取工具」先選取物件

3.拖曳選取物即可看到翻轉的位置和角度

2.點選「鏡射工具」

　　如果按於該工具鈕兩下，可以在如下的視窗中做精確的選擇。

縮放工具

　　使用「縮放工具」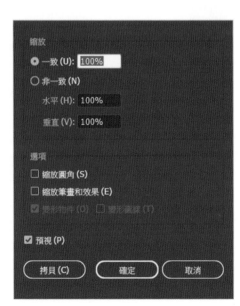 拖曳選取物件，可做放大或縮小的處理。按於縮放工具兩下，則是顯示如下的設定畫面，可做等比或非等比例的縮放設定。

拖曳選取物即可做放大 / 縮小的變形　　　　　縮放設定視窗

CHAPTER

2

傾斜工具

「傾斜工具」 能將選取的物件以水平軸線或垂直軸線為基準，做角度的傾斜變形。同樣的，它也有提供精確的設定，而其設定視窗如下：

2-2-7 物件的還原

物件變形後如果覺得不恰當，想要回復先前的步驟，可以由「編輯」功能表中選擇「還原」指令，或是按快速鍵「Ctrl」+「Z」鍵就可以依序還原到先前的數個步驟。

執行此指令會
還原到前一個
畫面效果

另外，如果想要還原到檔案原先的儲存狀態，則是執行「檔案 / 回復」指令，它會顯示警告視窗提醒各位，確定還原只要按下「回復」鈕離開即可。

2-3 圖層編輯

想要使用Illustrator軟體設計造形或版面，那麼圖層面板就非得了解不可。因為在Illustrator中所設計的任何造形或置入的檔案都會自動變成一個圖層，以方便設計者分別編修圖層中的物件。此一小節中將針對圖層面板以及與圖層有關的操作技巧來為各位做說明。

2-3-1 認識圖層面板

　　首先以「心心相映OK.ai」文件檔做說明，請各位執行「視窗／圖層」指令，使開啟圖層面板。

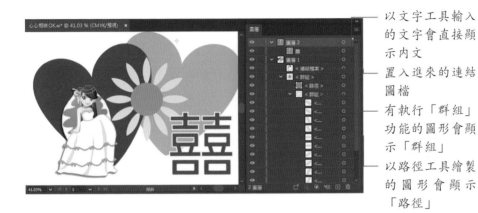

以文字工具輸入
的文字會直接顯
示內文

置入進來的連結
圖檔

有執行「群組」
功能的圖形會顯
示「群組」

以路徑工具繪製
的圖形會顯示
「路徑」

　　現在先針對圖層面板的圖示按鈕做個簡要的說明。

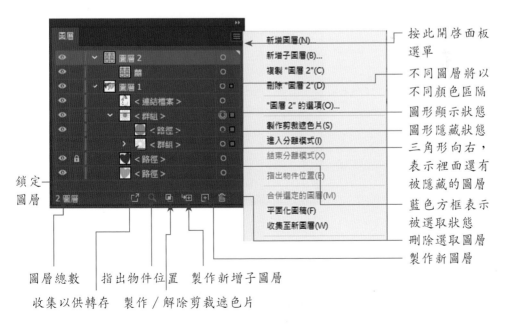

按此開啟面板
選單

不同圖層將以
不同顏色區隔

圖形顯示狀態

圖形隱藏狀態

三角形向右，
表示裡面還有
被隱藏的圖層

藍色方框表示
被選取狀態

刪除選取圖層

製作新圖層

鎖定
圖層

圖層總數　　指出物件位置　製作新增子圖層

收集以供轉存　製作／解除剪裁遮色片

CHAPTER

2

　　眼尖的讀者可能發現到，範例中只有兩個圖層，一個是「囍」字的圖層，另一個圖層則是包含心型、花朵和置入進來的點陣圖。而心型、花朵和置入的點陣圖都是「圖層1」的子圖層。

加油站

當各位開啓一個新的文件，並利用圖形工具所繪製的圖形，都是在預設的「圖層1」中做編輯，而所加入的圖形都是屬於圖層1的子圖層，除非各位執行「新增圖層」指令，才會出現其他圖層。

2-3-2 置入圖形

　　在確定文件尺寸後，如果有影像插圖要置入到文件中做編排，可執行「檔案 / 置入」指令，它也會在圖層面板中形成一個圖層。

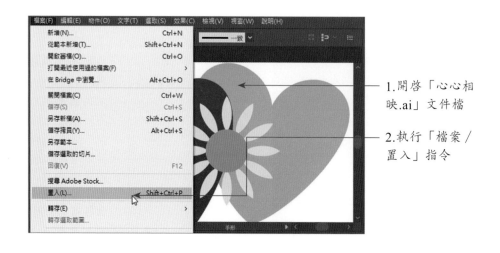

1.開啓「心心相映.ai」文件檔

2.執行「檔案 / 置入」指令

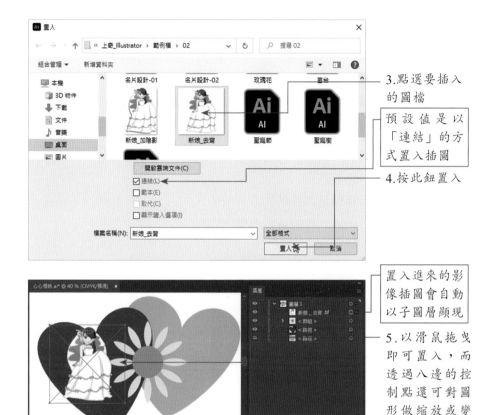

3.點選要插入的圖檔

預設值是以「連結」的方式置入插圖

4.按此鈕置入

置入進來的影像插圖會自動以子圖層顯現

5.以滑鼠拖曳即可置入，而透過八邊的控制點還可對圖形做縮放或變形的處理

　　針對置入的圖形格式來說，舉凡*.pdf、*.eps、*.tif、*.jpg、*.png等都可以置入，如果是要列印或出版，通常會先利用Photoshop軟體將圖檔轉換成CMYK的模式，並以TIFF格式做輸出，若圖形需要做去背景的處理，也可以使用Photoshop的路徑功能來做路徑的剪裁。文件要是作為網頁或視訊影片的用途，則直接使用RGB模式即可，利用PNG格式則可以儲存去背景的圖形，然後再置入到Illustrator中使用。

圖形的連結與內嵌

　　以「檔案／置入」功能置入的圖形有「連結」與「內嵌」兩種，預設

是勾選「連結」的選項，表示來源檔案與Illustrator文件之間是屬於連結關係，它的檔案量較小，不過輸出時連結的圖形必須與Illustrator文件放置在一起，否則檔案遺失後會造成列印出來的品質變差。如果要選擇「內嵌」的方式，那麼在「置入」的對話視窗中請取消「連結」的勾選，Illustrator就會將置入的圖檔完整的拷貝到文件中，因此文件的檔案量就會比較大。

要查看置入的圖檔是以連結的方式或嵌入的方式，可以開啓「視窗 /連結」指令，若是內嵌的圖形會出現 🔒 的圖示。

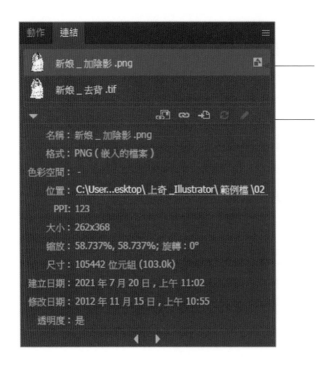

———— 內嵌方式置入的圖檔

———— 由此處開啓 / 隱藏圖片
的相關資訊

2-3-3 新增圖層

要新增圖層，在圖層面板右側下拉選擇「新增圖層」指令，即可由

「圖層選項」的視窗中設定圖層名稱及顏色。

1.按此鈕並執行「新增圖層」指令

選此項則是新增次一層的圖層

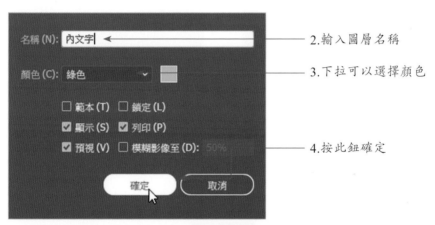

2.輸入圖層名稱

3.下拉可以選擇顏色

4.按此鈕確定

5.顯示新增的圖層

　　如果各位由圖層面板下方按下「製作新圖層」 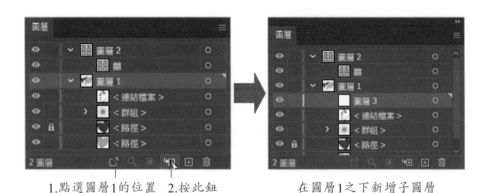 鈕，它不會顯示「圖層選項」的視窗，而是直接在選定圖層之上新增一空白圖層。如果要新增子圖層，按下「製作新增子圖層」 鈕，則是在選定的圖層之下新增次一層的圖層。

1.點選圖層1的位置　2.按此鈕　　　　在圖層1之下新增子圖層

2-3-4 圖層命名

　　新增圖層時，除了由「圖層選項」的視窗中預先命名外，直接在預設的圖層名稱上按滑鼠兩下，即可輸入新的名稱。

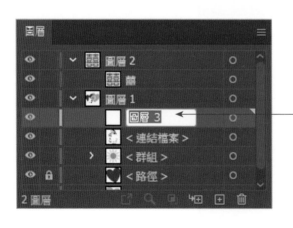

按在文字上可直接輸入圖層名稱，若是按在該圖層名稱以外的地方，則會顯現「圖層選項」的視窗

2-3-5 複製／刪除圖層

　　想要複製圖層或子圖層中的物件，利用面板選單中的「複製」指令，即可拷貝該圖層及所屬子圖層中的所有物件，並在選取圖層上方顯示複製物。若要刪除圖層，除了由面板選單執行「刪除」指令外，也可以將圖層拖曳到面板下方的「刪除選取圖層」 🗑 鈕。

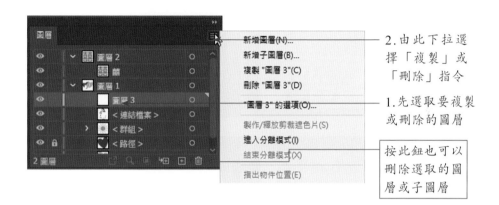

2.由此下拉選擇「複製」或「刪除」指令

1.先選取要複製或刪除的圖層

按此鈕也可以刪除選取的圖層或子圖層

2-3-6 顯示／隱藏與鎖定

　　當文件中的圖層內容越來越多時，爲了方便選取某些被覆蓋到的圖層物件，我們可以利用 👁 來控制上層物件的顯示或隱藏。如果希望圖層不要被更動到位置，可以在面板的第二個欄位上按一下左鍵，該圖層出現 🔒 圖示，那麼編輯時就無法使用選取工具選取到該圖形。

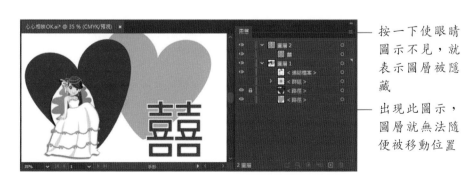

按一下使眼睛圖示不見，就表示圖層被隱藏

出現此圖示，圖層就無法隨便被移動位置

CHAPTER

2

2-3-7 順序調整

　　在編輯的過程中，如果需要調整圖層的先後順序，只要按住圖層不放，然後往上或下拖曳至期望的位置，即可改變圖層順序。

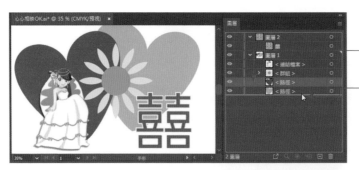

1. 點選紅心的路徑圖層不放
2. 拖曳到最下方後放開滑鼠

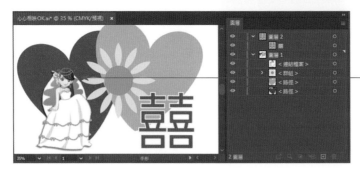

3. 圖層一更動，畫面也跟著更動

2-3-8 收集至新圖層

　　由於每製作一個物件，它就會占用一個圖層，當圖層及物件越來越多時，為了管理上的方便，可以將同一主題或類型的物件收集到新的圖層中，以利辨識。

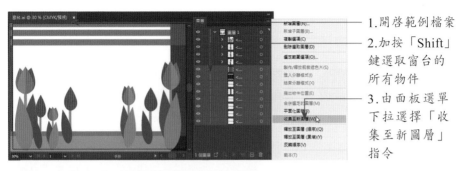

1.開啟範例檔案

2.加按「Shift」鍵選取窗台的所有物件

3.由面板選單下拉選擇「收集至新圖層」指令

4.選取的物件已集中在此圖層中,加以命名可方便管理

2-4 檔案儲存與備份

　　當文件編輯到一個階段,最好先儲存一下檔案,免得一不小心讓辛苦的成果化為烏有。

2-4-1 儲存檔案

　　Illustrator特有的檔案格式為*.ai,它會將所有圖層與設定效果保存下來,方便使用者繼續編修。因此,對於尚未儲存過的檔案,執行「檔案／儲存」或「檔案／另存新檔」指令,都會看到如下的視窗,請輸入檔名後,即可按「存檔」鈕儲存檔案。

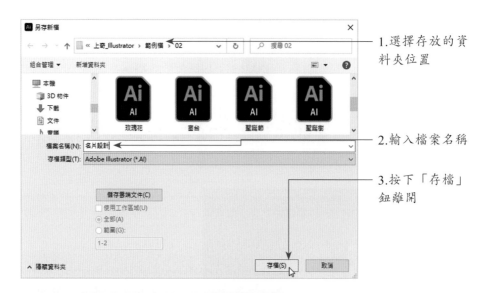

1.選擇存放的資料夾位置

2.輸入檔案名稱

3.按下「存檔」鈕離開

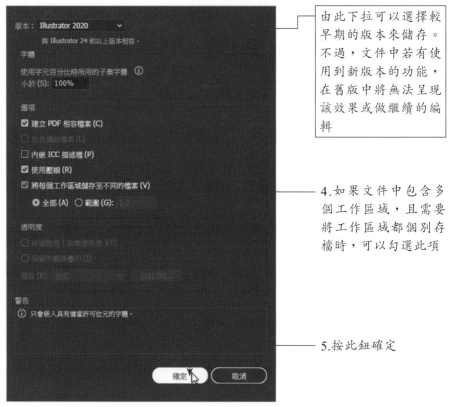

由此下拉可以選擇較早期的版本來儲存。不過，文件中若有使用到新版本的功能，在舊版中將無法呈現該效果或做繼續的編輯

4.如果文件中包含多個工作區域，且需要將工作區域都個別存檔時，可以勾選此項

5.按此鈕確定

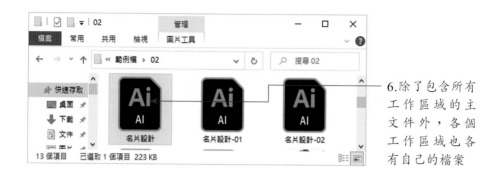

6.除了包含所有工作區域的主文件外,各個工作區域也各有自己的檔案

2-4-2 儲存拷貝

除了剛剛介紹的儲存方式外,選擇「檔案 / 儲存拷貝」指令所看到的設定視窗和「檔案 / 另存新檔」相同,不過它會在檔名之後,檔案格式之前加上「拷貝」的字眼。如圖示:

名片設計拷貝.ai

建議拷貝的檔案最好存放在其他的硬碟之中,一旦主工作的硬碟發生狀況,這樣拷貝的檔案才能夠發揮作用。

課後習題

問答題

1.請說明如何在Illustrator中新增一份具有三個工作區域的列印文件。

CHAPTER

2

2.何謂「出血」？有何用途？

3.請說明如何在列印文件中加入對版用的中心標記及十字線符號。

實作題

1.請利用「範本」功能，由「列印」類別中下載「Sunset Poster」的海報
一份，並將檔案儲存為「海報.ai」。

實作提示：

1.由首頁按下「新建」鈕，切換到「列印」類別，點選「Sunset Post-
er」，先按「建立」鈕，再按「開啓」鈕開啓檔案。

2.執行「檔案／儲存」指令，將檔案存為「海報.ai」。

2.請延續上題的內容，刪除右側的兩個工作區域，利用提供的「女
孩.tif」插圖，完成如圖的感恩餐會的海報編修。

置入「女孩.tif」圖檔

完成檔：海報OK.ai

實作提示：

1.選取右側兩張海報的所有物件，按「Delete」鍵即可刪除。

2.依個人喜好自行設定喜歡的標題文字和內文。

3.執行「檔案／置入」指令置入「女孩.tif」圖檔，以「縮放工具」縮放圖形大小。

CHAPTER

2

第三章

百變造形的超犀利技巧

造形設計在向量繪圖軟體中是最基本的一個環節，因為任何的圖案的繪製都離不開造形。複雜的造形基本上也是由幾何圖形所演變而成的，透過各種圖形的運算，就能將複雜的圖形呈現出來。本章除了為各位剖析Illustrator的造形功能外，還會介紹造形的上彩方式，讓造形都能填入漂亮而豐富的色彩。

3-1 基本造形設計

Illustrator的基本造形工具共有矩形、圓角矩形、橢圓形、多邊形、星形五種，各位可在左側的工具中做選擇。

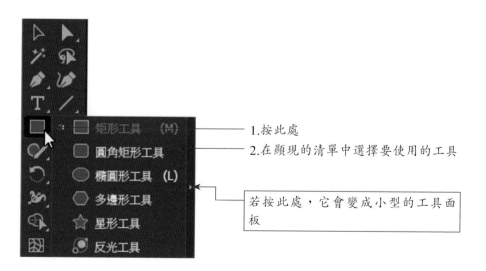

如果點選清單右側的三角形，它還會變成小型的工具面板，方便使用者快速切換工具鈕，如圖示：

3-1-1 基本工具使用技巧

上列的五種基本工具的使用方式都一樣，在選取工具鈕後，直接在文件上拖曳滑鼠，即可看到圖形的大小，確定所要的比例後放開滑鼠，圖形即可完成。而每個工具所畫出來的造形就如同工具鈕中的圖形一樣。

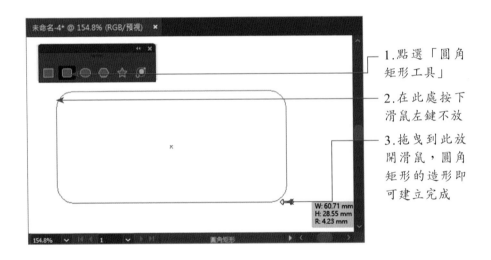

1. 點選「圓角矩形工具」
2. 在此處按下滑鼠左鍵不放
3. 拖曳到此放開滑鼠，圓角矩形的造形即可建立完成

加按「Shift」鍵再拖曳造形可建立正方形、正圓形或正圓角方形。若希望從圖形的中心點往外畫出造形，則可加按「Alt」鍵。如果要為圖形上顏色或設定線框色彩，可由「控制」面板直接做設定。

3-1-2 設定精確尺寸的造形

前面介紹的方式是以隨意的方式來繪製基本造形，如果需要設定精準的尺寸，那麼在選擇工具鈕後，在文件上按一下左鍵，就會出現視窗來提供各位設定寬度、高度、圓角半徑、半徑、邊數或星芒數等選項。不同工具鈕出現的設定選項也不相同喔！

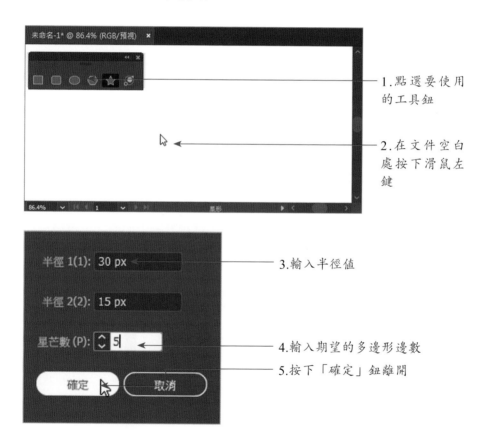

1.點選要使用的工具鈕

2.在文件空白處按下滑鼠左鍵

3.輸入半徑值

4.輸入期望的多邊形邊數

5.按下「確定」鈕離開

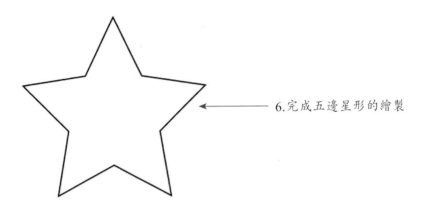

6.完成五邊星形的繪製

3-1-3 造形編修技巧

　　Illustrator對於造形的編修相當的便捷，以上方的五邊星形爲例，選用「直接選取工具」時，還可以在圖形內外看到 ◉ 圖示，透過此圖示還可將星形的尖角調整成圓角的效果，其他如矩形、圓角矩形、多邊形等工具，也一樣可以透過 ◉ 進行編修喔！這裡延續上面的造形繼續做說明。

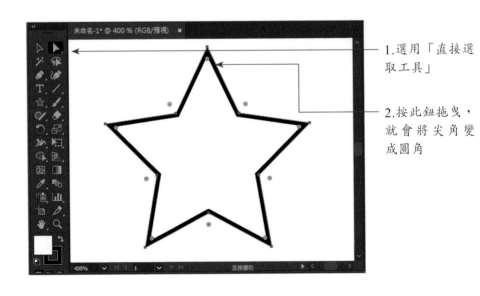

1.選用「直接選取工具」

2.按此鈕拖曳，就會將尖角變成圓角

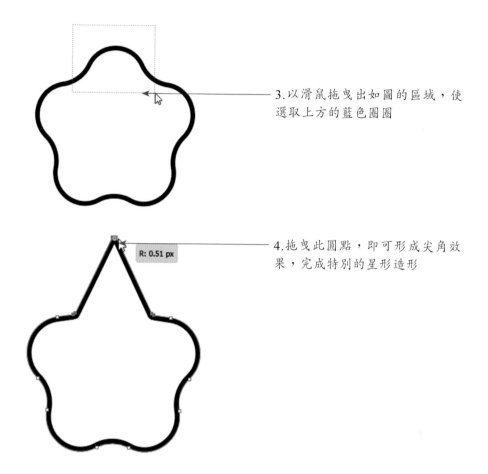

3.以滑鼠拖曳出如圖的區域，使選取上方的藍色圈圈

4.拖曳此圓點，即可形成尖角效果，完成特別的星形造形

繪製基本形後如果需調整造形，可利用「直接選取工具」選取造形的錨點，再透過「控制」面板來刪除／轉換錨點或控制點。

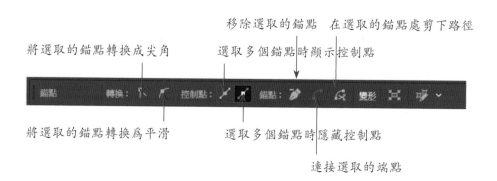

移除選取的錨點　在選取的錨點處剪下路徑

將選取的錨點轉換成尖角　　選取多個錨點時顯示控制點

將選取的錨點轉換為平滑　　選取多個錨點時隱藏控制點

連接選取的端點

這裡以星形做說明，利用「直接選取工具」 ▶ 將星形變成一件衣服，其編修的技巧如下：

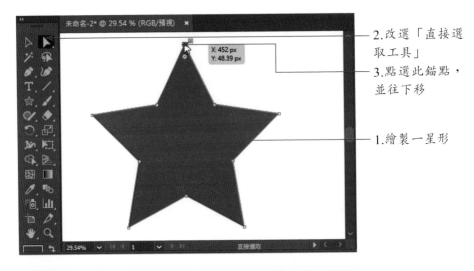

2.改選「直接選取工具」

3.點選此錨點，並往下移

1.繪製一星形

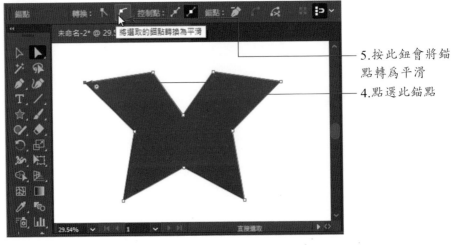

5.按此鈕會將錨點轉為平滑

4.點選此錨點

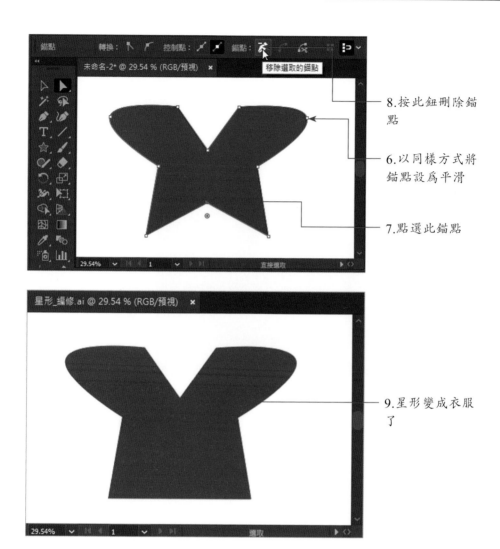

8.按此鈕刪除錨
點

6.以同樣方式將
錨點設爲平滑

7.點選此錨點

9.星形變成衣服
了

3-2 圖形運算與變化

各位可能覺得基本造形似乎太基本，很難變化出特殊造形來，事實
上只要稍加用些心思，透過基本型的合併、修剪或聯集、交集、差集等設
定，也可以變化出各種造形圖案。這一小節將針對「路徑管理員」面板和

美工刀、剪刀、橡皮擦等工具做介紹，讓各位了解圖形運算的方式。

3-2-1 路徑管理員面板

　　路徑管理員面板提供各種的形狀模式及圖形運算方式，讓使用者可以利用多個簡單的造形來變化出較複雜的圖案。由「視窗」功能表執行「路徑管理員」指令，即可開啓如下的面板。

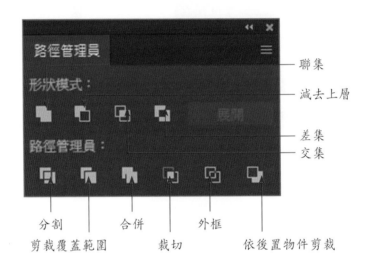

3-2-2 造形合併

　　所謂的「造形合併」是指將數個圖形合併成一個圖形，它會去掉重疊的部分，而將圖形變成單一的物件。所以各位可以想像「雲朵」造形可以由數個橢圓形組合而成，或是「聖誕樹」的造形是由數個三角形組合而成。

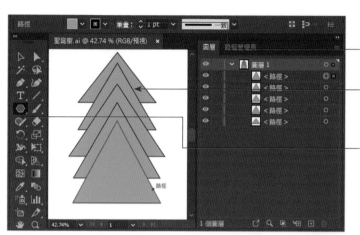

2.由此下拉設定
綠色

3.至文件上繪製
出數個重疊的
三角形

1.點選「多邊形
工具」，設定
邊數為「3」

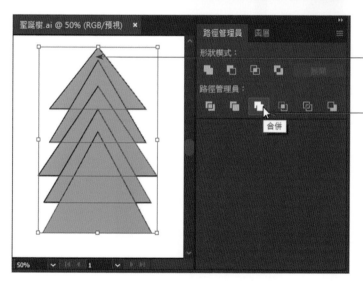

4.選取所有的三
角形

5.按下「合併」
鈕

CHAPTER

3

6.圖形變成單一個物件，不過會
去掉原先設定的框線

各位也可以選用「聯集」的形狀模式來建立聖誕樹，而建立後的圖形
會保留原先設定的框線。建立方式如下：

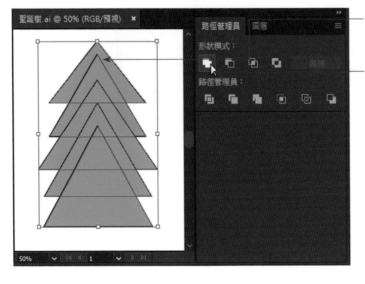

1.選取所有的三
角形

2.按下「聯集」
鈕搞定

3-2-3 造形分割

　　「造形分割」是指將圖形互相重疊的部分做切割,使變成一個獨立的物件,而切割後就可以依據使用者的需求來保留或刪除部分的圖形物件,使變成新的造形圖案。這裡示範彎月的製作方式。

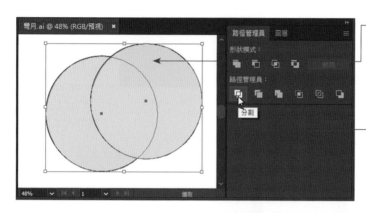

1.以「橢圓形工具」繪製兩個圓形,並做出如圖的重疊效果

2.選取兩個造形後,按下「分割」鈕

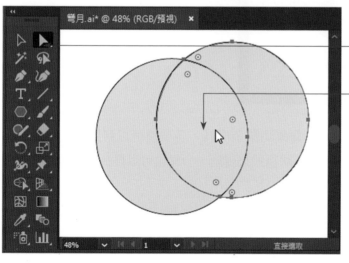

3.點選「直接選取工具」

4.依序點選中間及右側的造形,按「De-lete」鍵使之刪除,只留下左側的彎月

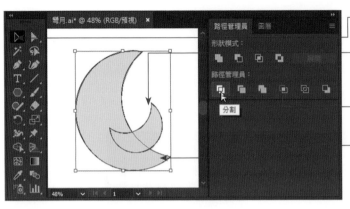

6.點選「選取工具」

7.利用四角控制點將此圖形作旋轉和縮小

8.選取二圖形再按「分割」鈕

5.點選彎月造型,利用「Ctrl」+「C」鍵複製一份,再用「Ctrl」+「V」鍵貼入文件中

9.點選「直接選取工具」

10.依序按「Delete」鍵刪除小的彎月造形,即可得到笑臉迎人的彎月

　　除了利用「分割」鈕來切割造形外,各位還可以利用「剪裁覆蓋範圍」及「減去上層」的形狀模式來處理,一樣也可以得到彎月的造形喔!請各位自行嘗試看看。

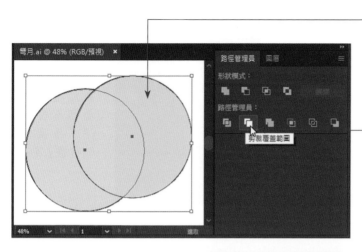

2.以「直接選
取工具」選取
該圖形，按
「Delete」鍵
刪除，即可得
到彎月造形

1.選取兩個圖形
後，按下「剪
裁覆蓋範圍」
鈕

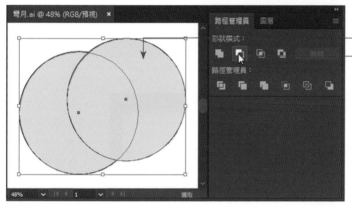

1.點選兩個圖形

2.按下「減去
上層」鈕，馬
上就看到彎月
造形

另外，也可以選用「依後置物件剪裁」鈕來剪裁圖形，由於右上的圖
層是在上層，所以它會減去下層的左下方造形。如圖示：

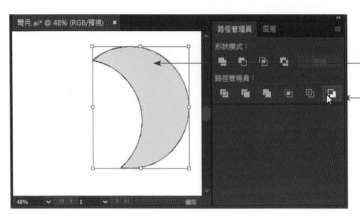

2.得到的是上層的彎月造形

1.點選兩個重疊圖形後，按下「依後置物件剪裁」鈕

3-2-4 剪刀工具

「剪刀工具」主要針對路徑上的區段或錨點來進行切割，用以中斷貝茲曲線上的錨點。

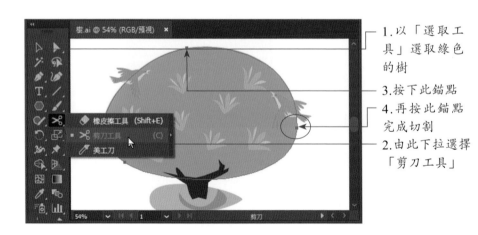

1.以「選取工具」選取綠色的樹

3.按下此錨點

4.再按此錨點完成切割

2.由此下拉選擇「剪刀工具」

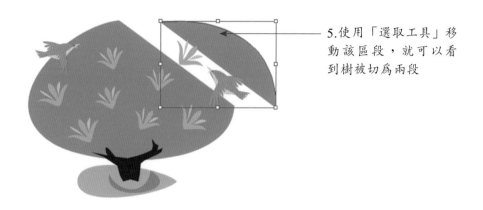

5.使用「選取工具」移
動該區段，就可以看
到樹被切為兩段

3-2-5 美工刀工具

「美工刀工具」也是用來切割造形圖案，它不像「剪刀工具」只能切
出平整的線條，美工刀可以切出彎曲的路徑，使圖形分割為兩塊。

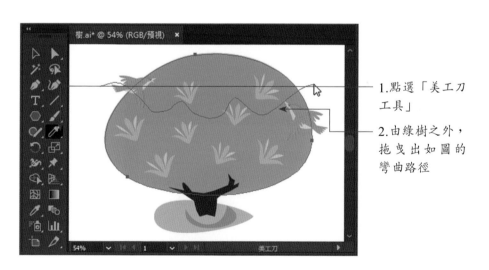

1.點選「美工刀
工具」

2.由綠樹之外，
拖曳出如圖的
彎曲路徑

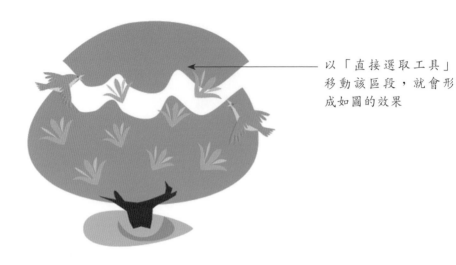

以「直接選取工具」
移動該區段，就會形
成如圖的效果

3-2-6 橡皮擦工具

「橡皮擦工具」用來擦拭去除畫面上不需要的地方，按於「橡皮擦工具」鈕上兩下會開啟選項視窗，使用者可自行設定橡皮擦的尺寸、角度和圓度。

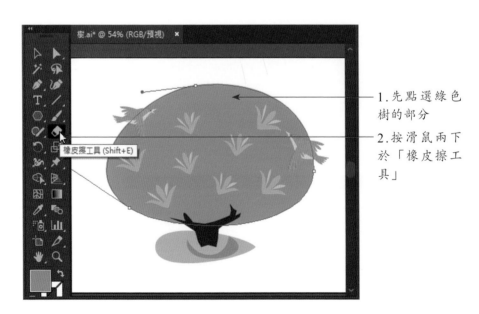

1.先點選綠色
樹的部分

2.按滑鼠兩下
於「橡皮擦工
具」

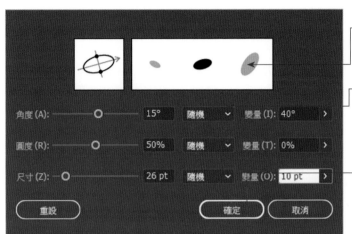

這裡可以看到調整後的橡皮擦形狀

3.由此視窗中調整依序調整橡皮擦的角度、圓度和尺寸

4.設定完成按下「確定」鈕離開

CHAPTER

3

5.在點選的區域範圍內拖曳滑鼠，所經之處即被刪除，對於造形的外觀的修改也很方便喔！

加油站

在圖形運算的過程中，有時候會產生一些沒有用途的物件，諸如：孤立的控制點、未上色的物件或是空白的文字路徑，這些多餘的物件若殘留在文件上，多少會占用記憶體及檔案量，因此在文件編排後，可以使用「物件 / 路徑 / 清除」指令來清除。

3-2-7 液化變形

　　除了前面介紹的合併、分割、裁剪或擦除等方式來建立造形外，Illustrator軟體還提供液化的變形處理，也就是說，它能利用彎曲、膨脹、皺摺、扭轉、縮攏等方式，讓造形做細微的變形。這些工具都可以由左側的「工具」面板做選擇。

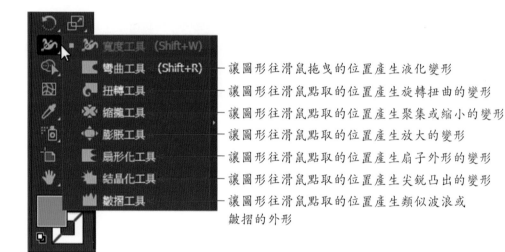

讓圖形往滑鼠拖曳的位置產生液化變形
讓圖形往滑鼠點取的位置產生旋轉扭曲的變形
讓圖形往滑鼠點取的位置產生聚集或縮小的變形
讓圖形往滑鼠點取的位置產生放大的變形
讓圖形往滑鼠點取的位置產生扇子外形的變形
讓圖形往滑鼠點取的位置產生尖銳凸出的變形
讓圖形往滑鼠點取的位置產生類似波浪或皺摺的外形

　　按滑鼠兩下於這些工具上，它都會另外顯現選項視窗讓各位設定整體筆刷的尺寸及相關細節。這些液化的變形工具，各位可以自行練習，此處只做「扭轉工具」和「皺摺工具」的示範。

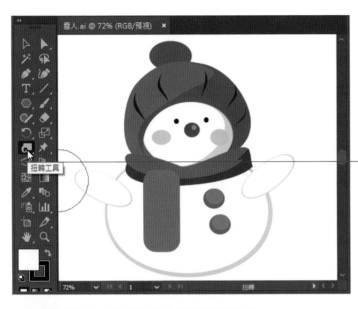

1.按滑鼠兩下於
　「扭轉工具」

2.設定筆刷的寬度

3.設定筆刷的高度

4.按下「確定」鈕

CHAPTER

3

CHAPTER

3

5.以滑鼠按住此
圖形,就可產
生扭轉變形

6.按滑鼠兩下於
「皺摺工具」

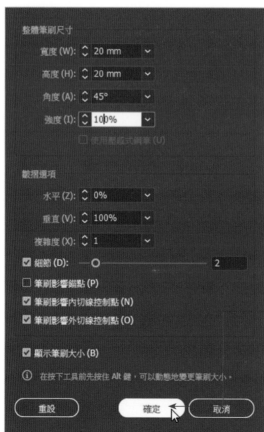

7.設定筆刷的寬度、高度、
角度與強度後,按下「確
定」鈕

8.於此處按住
滑鼠，即可產
生如圖的皺摺
效果

3-2-8 剪裁遮色片

「剪裁遮色片」的作用主要是透過外形來限定圖形可以顯示的區域範圍，要置入遮色片中的圖形必須是路徑、複合形狀、文字物件或是群組的物件，如果是置入進來的影像圖片，則無法使用「剪裁遮色片」的功能。

製作剪裁遮色片

要將圖形置入特定的外形中，可以在圖形與外形同時選取的狀態下，執行「物件／剪裁遮色片／製作」指令，如圖示：

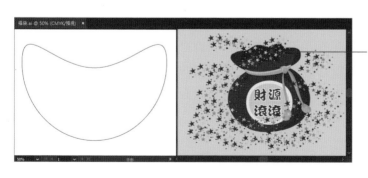

1.分別製作外
形，及要置入
外形中的群組
物件

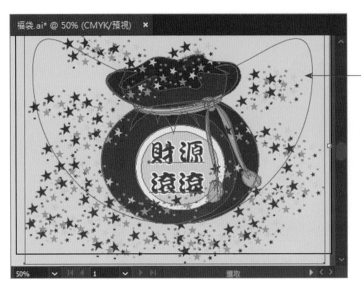

2.將群組物件移到外形物件上方,同時選取兩個物件後,執行「物件／剪裁遮色片／製作」指令

3.群組物件已限定在元寶造形之內

編輯內容物或遮色片

　　圖形置入特定的造形之後,如果需要調整它的位置,只要執行「物件／剪裁遮色片／編輯內容」指令。若要調整外框的造形,則是執行「物件／剪裁遮色片／釋放」指令,再用「直接選取工具」調整錨點或控制桿的位置就可以了。

3-3 造形的上彩

學會各種造形的運算方式與變化後，接下來要學習如何爲圖形塡入顏色或框線色彩。

3-3-1 填色與筆畫

以路徑工具繪製造形後，若要爲圖形塡滿顏色或設定外框色彩，可直接在上方的「控制面板」做設定。

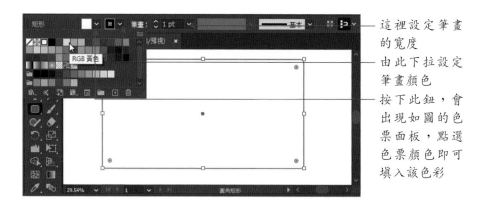

這裡設定筆畫的寬度

由此下拉設定筆畫顏色

按下此鈕，會出現如圖的色票面板，點選色票顏色即可塡入該色彩

如果加按「Shift」鍵點選塡色或筆畫的色塊，則會顯示替代色彩的使用者介面，由該面板也可以選用顏色。

1.加按「Shift」鍵點選色塊

2.由滑鈕可以調整顏色

新設定的色彩將顯示於此

也可以由此直接選取顏色

加油站

Illustrator是個聰明的軟體，當各位新增「列印」的文件，色票會自動顯示CMYK的顏色讓使用者選用；若是新增網頁或視訊影片等文件，則會自動顯示RGB的色票顏色。

此外，在「工具」下方也提供顏色的設定。其說明如下：

填色　────切換填色與筆畫
預設填色與筆畫　────筆畫
開啓顏色面板　────設定爲無填色
開啓漸層面板

如果直接按滑鼠兩下於「填色」或「筆畫」的色塊上，則會進入「檢色器」的視窗，由該視窗則可自由選擇顏色，或是設定精確的色彩數值。

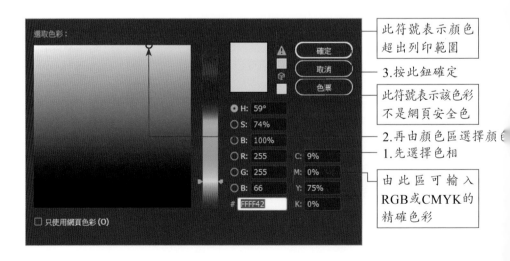

此符號表示顏色超出列印範圍

3.按此鈕確定

此符號表示該色彩不是網頁安全色

2.再由顏色區選擇顏色

1.先選擇色相

由此區可輸入RGB或CMYK的精確色彩

　　檢色器中如果出現 ⚠ 符號，表示該顏色超出列印的範圍，若出現 ⬡ 符號則表示該色彩非網頁安全色，此時只要按一下該符號，Illustrator就會自動顯示最接近的色彩。若是按下 ⬭色票 鈕，則檢視器將會以色票的方式呈現，如圖示：

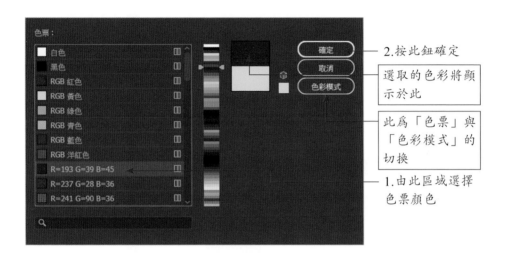

2.按此鈕確定

選取的色彩將顯示於此

此為「色票」與「色彩模式」的切換

1.由此區域選擇色票顏色

3-3-2 以色票面板上色

　　對於筆畫與填色有所了解，現在以色票面板來為圖形填上顏色和筆畫。

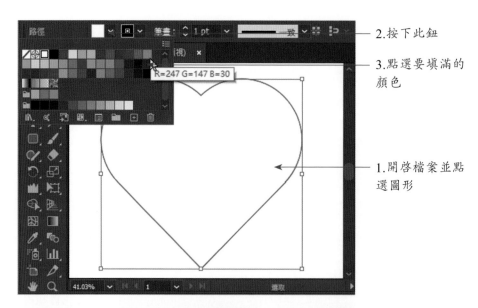

2.按下此鈕

3.點選要填滿的
顏色

R=247 G=147 B=30

1.開啟檔案並點
選圖形

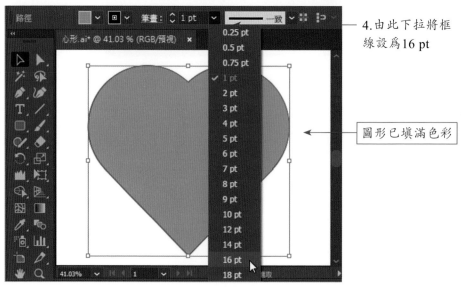

4.由此下拉將框
線設為16 pt

圖形已填滿色彩

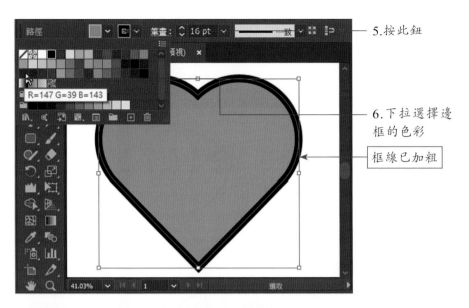

5.按此鈕

6.下拉選擇邊框的色彩

框線已加粗

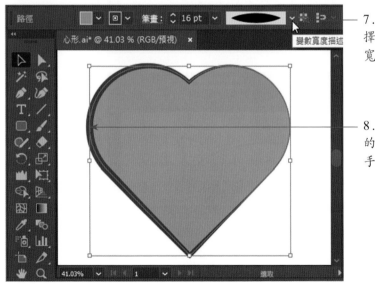

7.由此下拉選擇筆畫的變數寬度

8.原本硬梆梆的邊框變得如手畫般的效果

變數寬度描述

3-3-3 即時上色油漆桶

當各位好不容易利用路徑工具或是線條工具繪製完成造形後，為了能

夠快速對圖形上彩，Illustrator還提供一個很好用的「即時上色油漆桶工具」，只要選取要上色圖稿的路徑，就能即時對該群組上色。

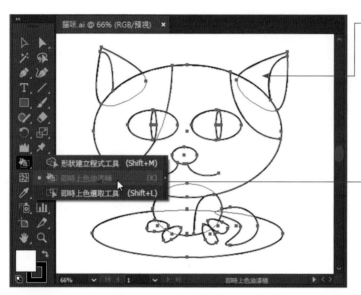

1. 以弧型工具、橢圓形工具、多邊形工具繪製如圖的貓咪造形，利用「選取工具」將造形全選起來

2. 選取「即時上色油漆桶工具」

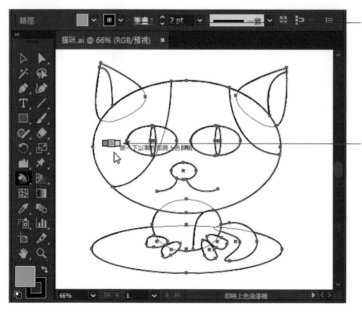

3. 由此先選取要填滿的顏色

4. 在要上色的地方按一下左鍵，就會製作即時上色群組

5.滑鼠移動時
會自動顯示粗
的紅色框，請
依序填入色彩

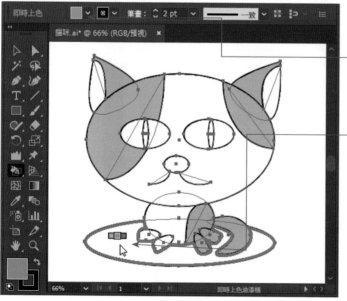

6.由此更換其
他顏色

7.繼續完成其
他區塊的填色
處理

8.快速完成圖形的填色

3-3-4 重新上色圖稿

　　利用「即時上色油漆桶工具」填完色彩後，如需更換所填入的色彩，可在「控制」面板上按下「重新上色圖稿」 鈕來修改顏色。

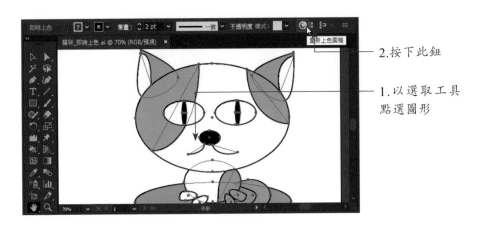

2.按下此鈕

1.以選取工具
點選圖形

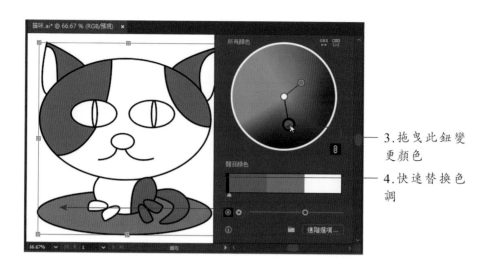

3.拖曳此鈕變
 更顏色

4.快速替換色
 調

課後習題

實作問答題

1. 請試著利用基本造形工具,透過「路徑管理員」面板的運算,完成如
   下圖的旋轉箭頭。

   完成檔案:旋轉箭頭.ai

實作提示：

1. 以「橢圓形工具」繪製兩個大小不同的圓形，選取後由「路徑管理員」面板中按下「減去上層」鈕，使變成中空的圓形。

2. 繪製一矩形，矩形的右上角對齊中空圓形的中心點。選取該二圖形，由「路徑管理員」面板中按下「減去上層」鈕。

3. 點選「星形工具」，在文件上按兩下，於視窗中將「星芒數」設為「3」，然後繪出一三角形。

4. 以「旋轉工具」調整箭頭的角度，以「縮放工具」調至適當的大小，並置於270度的弧形上方。

5. 選取二圖形，再由「路徑管理員」面板中按下「聯集」鈕，完成造形設定。

2. 請利用「橢圓形工具」和「弧形工具」繪製如圖的彩球一顆，再利用「即時上色油漆桶」工具，完成如圖的顏色設定。

完成檔案：彩球上彩.ai

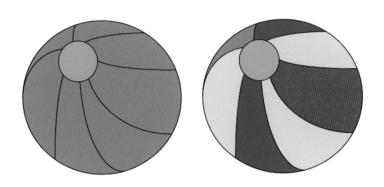

實作提示：

1. 點選「橢圓形工具」，加按「Shift」鍵繪製綠色的正圓形。

2. 點選「弧形工具」依序在圓球上拉出弧線的線條。

3. 繪製一淡藍色的正圓形。

4.全選圖形，點選「即時上色油漆桶」工具，再將設定的顏色填入區
　域範圍內。

3.請開啟800×600的空白文件，試著完成如圖的造形與上彩。

　完成檔案：好彩頭.ai

實作提示：

1.以「橢圓形工具」繪製一白色橢圓形，利用「直接選取工具」調整
　橢圓的弧度。

2.點選「弧形工具」，在白色造形上繪製兩條弧線造形。

3.點選橢圓形和兩條弧線，以「即時上色油漆桶」工具在兩條弧線間
　加入紅色。

4.點選「圓角矩形工具」，繪製一長條的圓角矩形，並填入綠色。

5.加按「Alt」鍵拖曳綠色造形2次，使之複製，再更換顏色。

6.以「旋轉工具」調整綠色圖案的角度。

7.選取完成的菜頭造形，群組後，加按「Alt」鍵複製，再以「旋轉工
　具」旋轉菜頭的角度。按滑鼠右鍵可以改變菜頭的先後順序。

8.桌子部分，先繪製橢圓形，四邊各繪製矩形，利用「路徑管理員」

面板做「減去上層」，即可完成。

4. 請利用本章所學到的各項功能，完成如圖的小鳥造形。

完成檔案：小鳥.ai

實作提示：

1. 小鳥造形主要以「橢圓形工具」繪製，眼睛以群組方式再複製／鏡射，爪的部分利用「聯集」處理，身體也是利用橢圓形變型後再做聯集處理，嘴巴以「矩形工具」繪製，再以「直接選取工具」做變形，頭頂則是繪製圓形後，以「扭轉工具」做扭轉變形。

2. 樹枝以「圓角矩形」和「矩形」做變形後再做聯集處理。

3. 樹葉以橢圓形繪製後，再利用「扇形化工具」和「直接選取工具」做調整。

第四章

路徑設計的關鍵心法

在前面的章節中，我們學會利用基本造形的運算來完成較複雜的造形；而這個章節則著重在路徑的繪製與編修。「路徑」又稱為貝茲曲線，是一種繪製自由曲線的方法，不管是開放性的路徑或是封閉的造形，它都可以完成，由於容易編輯，所以美工設計的軟體中都可以看見到它的蹤跡。這一章節將針對路徑的繪製、編修，以及線條的使用做說明，讓各位更能掌握線條和圖案的繪製。

4-1 路徑工具的使用

在Illustrator中，路徑的繪製主要利用「鋼筆工具」 ✎ 和「曲線工具」 ✎ 來進行，鋼筆工具能繪製直線或平滑的曲線，而曲線工具僅用來繪製曲線。這一小節先針對鋼筆工具來做探討。

4-1-1 以鋼筆繪製直線區段

「直線區段路徑」是指直線外形的路徑，也就是每一個邊都是直線區段。繪製時只要依續按下滑鼠左鍵，即可產生端點。

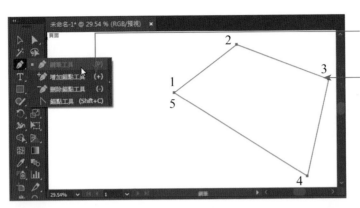

1.點選「鋼筆工具」

2.依照1〜5的順序，在文件上按下左鍵，而結束點與起點相重疊，即可產生封閉的造形

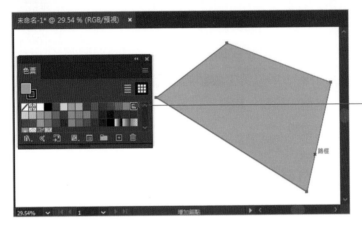

3.開啟「色票」面板並點選顏色，即可填滿直線區段的路徑

　　如果要繪製開放性的路徑，只要畫完最後的端點後，加按「Ctrl」鍵並點選路徑以外的區域，即可完成繪製的工作。你也可以在畫完後點選「選取工具」，繪製的路徑就變成選取狀態，重新點選鋼筆工具就可以繪製新的路徑。

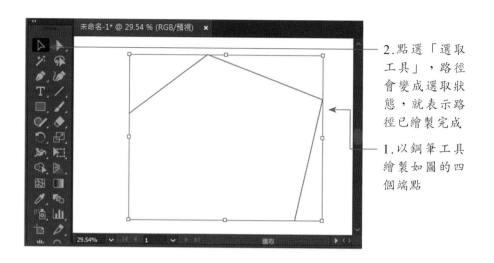

2.點選「選取工具」，路徑會變成選取狀態，就表示路徑已繪製完成

1.以鋼筆工具繪製如圖的四個端點

4-1-2 以鋼筆繪製曲線區段

曲線區段路徑就是具有曲線弧度的路徑，同樣的也是使用鋼筆工具來繪製，只不過在按下滑鼠時，要同時做拖曳的動作才能產生曲線。

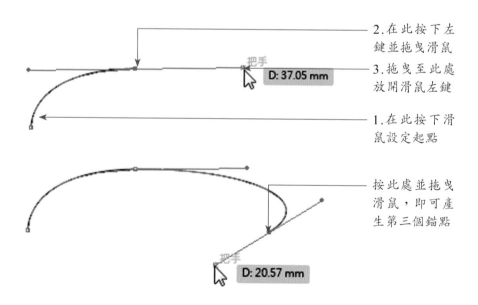

2.在此按下左鍵並拖曳滑鼠

3.拖曳至此處放開滑鼠左鍵

1.在此按下滑鼠設定起點

按此處並拖曳滑鼠，即可產生第三個錨點

同樣地，若要製作封閉的曲線造形，只要結束點與起點相重疊就可以了；若要做開放性的路徑，只要加按「Ctrl」鍵並點選路徑以外的區域，或是點選「選取工具」，就表示路徑已繪製完成。

4-1-3 路徑的錨點與控制把手

對於第一次使用鋼筆工具的新手而言，看到路徑上的「錨點」和「把手」可能會不知所措。這裡先為各位解說一下：

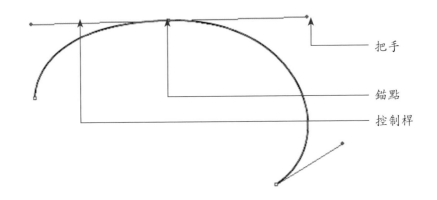

把手

錨點

控制桿

錨點

錨點是造形的關鍵位置，每一個線段或曲線，都是透過錨點來標示它的起點和結束點，在路徑上會以方點顯示，通常使用者按下滑鼠的位置就是錨點的位置。

把手

把手通常在曲線上才會顯示出來，它在路徑上是以圓點顯示，用以控制錨點左右兩側的曲線弧度。

曲線繪製後，若要調整曲線的弧度，只要利用「直接選取工具」▶ 點選錨點，即可看到錨點兩側的把手和控制桿。

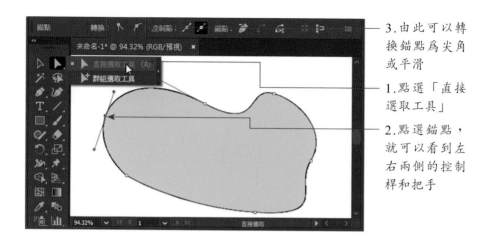

3. 由此可以轉換錨點為尖角或平滑

1. 點選「直接選取工具」

2. 點選錨點，就可以看到左右兩側的控制桿和把手

4-1-4 以曲線工具繪製曲線

　　「曲線工具」 使用的方式相當簡單，只要以滑鼠設定錨點位置，錨點和錨點間的曲線弧度就會自動產生，而編修的曲線的方式則與鋼筆工具相同。

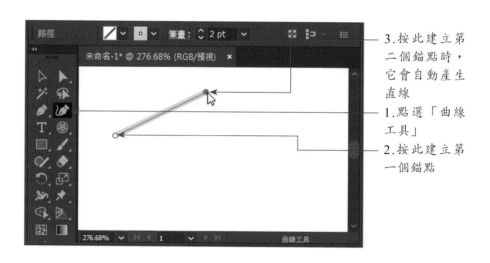

3. 按此建立第二個錨點時，它會自動產生直線

1. 點選「曲線工具」

2. 按此建立第一個錨點

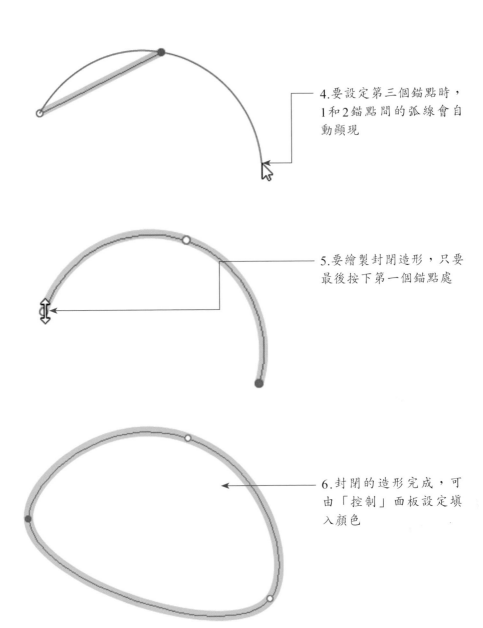

4.要設定第三個錨點時，
1和2錨點間的弧線會自
動顯現

5.要繪製封閉造形，只要
最後按下第一個錨點處

6.封閉的造形完成，可
由「控制」面板設定填
入顏色

4-2 建立線條

　　想要建立線條，Illustrator提供線段區段、弧形、螺旋、矩形格線、放射網格和鉛筆等工具讓各位使用。選用其中的任一工具，直接在文件上按下滑鼠並拖曳，便可產生線條。這一小節中將針對這些工具來做說明，同時學習如何為線條加入箭頭或虛線效果。

4-2-1 線段區段工具

　　「線段區段工具」█️用來繪製直線線段。點選工具後，直接在文件上按下滑鼠並拖曳，即可產生起點和結束點。按於文件上會出現視窗，提供使用者設定線條的長度和角度。

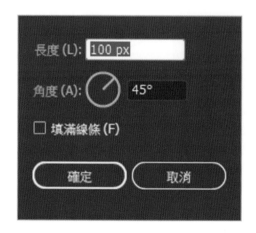

4-2-2 弧形工具

　　「弧形工具」█️用來繪製弧線線段。點選工具後在文件上按下滑鼠並拖曳，即可產生弧形的起點和結束點。拖曳出弧形時，再加按「C」鍵則可畫出扇形；反之，拖曳出扇形時，再加按「C」鍵則可畫出弧形。

預設的「弧型工具」繪畫出如圖的弧形

加按「C」鍵可作為扇形和弧形的切換

　　另外，按於文件上會出現如圖的視窗，可自行設定弧形或扇形的屬性。

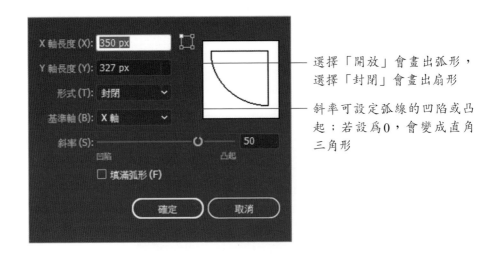

選擇「開放」會畫出弧形，選擇「封閉」會畫出扇形

斜率可設定弧線的凹陷或凸起；若設為0，會變成直角三角形

4-2-3 螺旋工具

　　「螺旋工具」 用來繪製螺旋狀的圖形。使用者可設定的內容如下：

➢ 半徑：螺旋造形的中心點到最外側的距離。

➢ 衰減：設定造形減少的比例。

➢ 區段：設定螺旋線的區段數，通常一圈會包含四個區段。（如右下圖所

示）

➤ 樣式：設定螺旋造形以順時針或逆時針方向呈現。

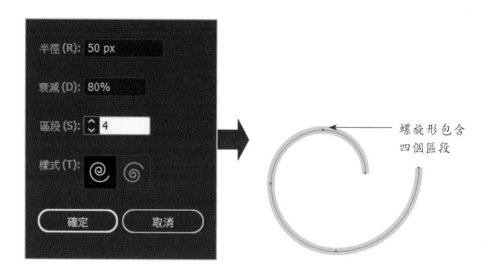

螺旋形包含
四個區段

4-2-4 矩形格線工具

「矩形格線工具」▦ 用來繪製方格造形。其設定的內容如下：

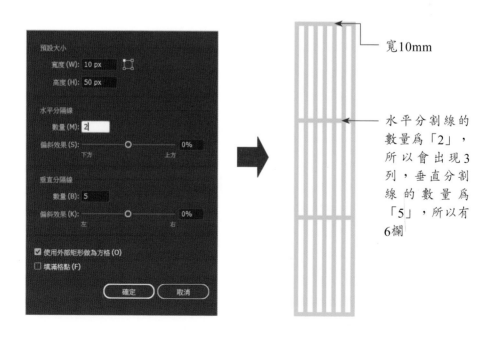

寬10mm

水平分割線的
數量為「2」，
所以會出現3
列，垂直分割
線的數量為
「5」，所以有
6欄

　　若有設定偏斜效果，它會依據所設定的方向及百分比例做調整，而形成如下的效果。

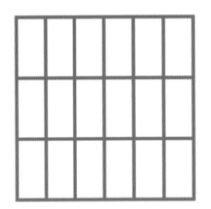 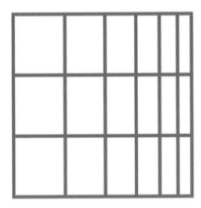

寬／高：20，垂直／水平分隔線皆為0　　　　垂直分隔線向右偏斜30%

4-2-5 放射網格工具

　　「放射網格工具」 ⊛ 用來繪製放射格狀造形。其設定方式及用法皆與「矩形格線工具」相同。

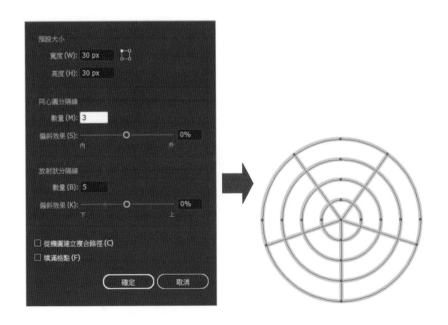

4-2-6 鉛筆工具

　　「鉛筆工具」 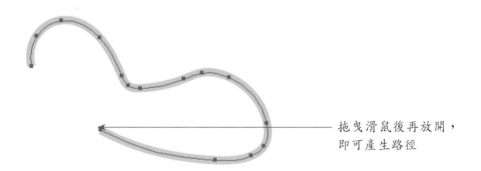 用來繪製任意外形的線條。使用時只要拖曳滑鼠不放，即可繪製路徑，當放開滑鼠時，路徑就會自動產生。

拖曳滑鼠後再放開，
即可產生路徑

4-2-7 設定箭頭與虛線

　　好不容易在文件上加入線條後，透過上方的「控制」面板就可以直接設定線條的顏色和筆畫寬度。如果需要加入箭頭或虛線的效果，那麼就得利用「筆畫」面板來設定。執行「視窗 / 筆畫」指令來開啓「筆畫」面板，由於預設的狀態下，筆畫面板只會顯示「寬度」，因此我們必須透過以下方式來顯示其他的選項。

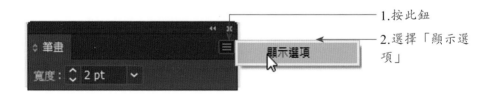

1.按此鈕

2.選擇「顯示選項」

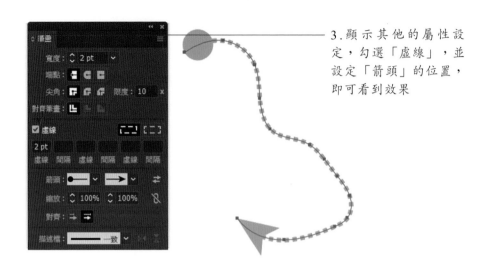

3.顯示其他的屬性設
　定，勾選「虛線」，並
　設定「箭頭」的位置，
　即可看到效果

透過此面板就可以輕鬆設定箭頭出現的位置、大小、樣式，而虛線部
分也可以利用間隔的設定來產生各種的虛線變化。如下圖示：

4-3 編輯路徑外形

前面我們已經學會各種工具來繪製造形或路徑，但是繪製過程中難免還需要做路徑的修改，因此這一小節中，我們就針對各種路徑的編修指令做介紹。讓各位可以輕鬆自在地完成所要的線條或造形。

4-3-1 錨點的新增與刪除

當各位繪製了開放或封閉的路徑後，利用「增加錨點工具」 可以在路徑上增加控制路徑的錨點，而增加錨點後再利用「直接選取工具」來調整錨點及把手的位置。另外，「刪除錨點工具」 則可以將選取的錨點刪除。

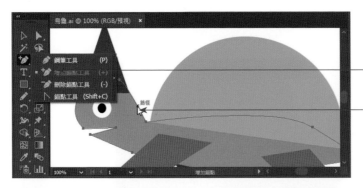

1.由此選擇「增加錨點工具」

2.按此處使增加錨點

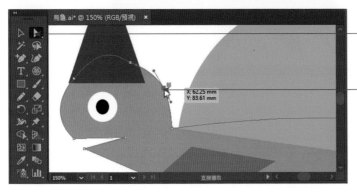

3.切換到「直接選取工具」

4.按下滑鼠拖曳即可修正位置

4-3-2 錨點的平滑及尖角轉換

　　不管原先繪製的路徑是否平滑或尖角，想要將錨點由平滑轉成尖角，或由尖角轉換成平滑，都可以透過「直接選取工具」的「控制」面板做轉換。

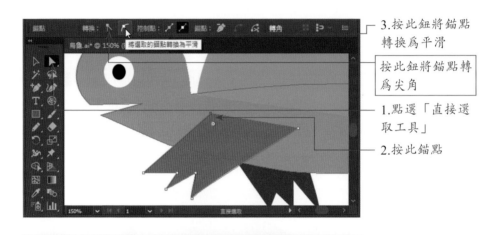

3.按此鈕將錨點轉換為平滑

按此鈕將錨點轉為尖角

1.點選「直接選取工具」

2.按此錨點

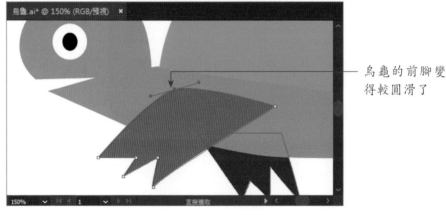

烏龜的前腳變得較圓滑了

4-3-3 路徑的連接

　　有時圖形在經過運算後，有些路徑並沒有呈現封閉的狀態，因而在填入顏色及框線後，才發現圖形框線並未完整呈現，此時只要利用「鋼筆工

具」銜接兩個錨點就可以了。

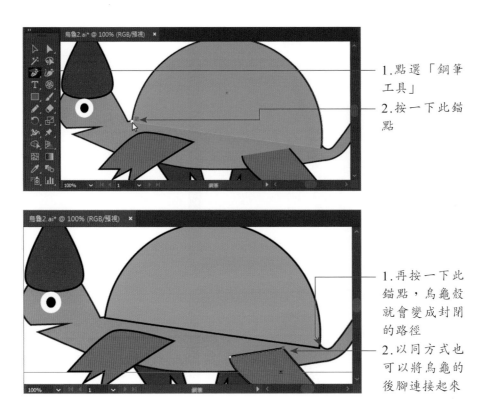

1.點選「鋼筆工具」

2.按一下此錨點

1.再按一下此錨點，烏龜殼就會變成封閉的路徑

2.以同方式也可以將烏龜的後腳連接起來

4-3-4 路徑簡化

　　當各位從Illustrator中置入其他軟體所製作的向量圖形，有時候會發現圖形中的路徑包含了很多的錨點，因此若要編修，可能會增加困難度，此時可以考慮利用「物件／路徑／簡化」指令來簡化錨點。

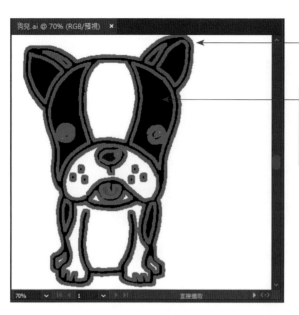

1.選取圖形後，執行「物件／路徑／簡化」指令

以「直接選取工具」點選圖形時，可看到目前包含的錨點相當多，不利於編修路徑

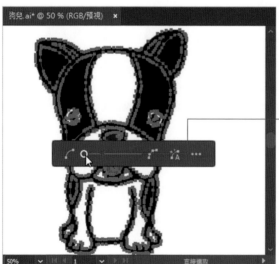

2.拖曳此滑鈕，即可看到錨點變少了

課後習題

實作問答題

1. 請置入「薯條參考圖」作為參考，利用「鋼筆工具」和「橢圓形工具」完成如下圖的薯條繪製。

完成檔案：薯條.ai

實作提示：

1. 以「檔案／置入」指令將「薯條參考圖」置入文件中，並由「圖層」面板上將該圖層鎖住。

2. 「圖層」面板上按下「製作新圖層」鈕新增圖層，以「鋼筆工具」和「橢圓形工具」繪製紙盒部分。

3. 以「鋼筆工具」繪製兩組色彩略為不同的薯條，並分別群組薯條。以「選取工具」選取薯條，加按「Alt」鍵複製後，以「旋轉工具」稍作旋轉即可。

4. 利用滑鼠右鍵執行「排列順序」指令，即可調整薯條的先後位置。

2. 請置入「熱狗參考圖」作為參考，利用「鋼筆工具」完成如下圖的熱

狗繪製。

完成檔案：熱狗.ai

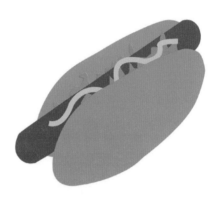

實作提示：

1. 以「檔案／置入」指令將「熱狗參考圖」置入文件中，並由「圖層」面板上將該圖層鎖住。

2. 「圖層」面板上按下「製作新圖層」鈕新增圖層，以「鋼筆工具」繪製造形，框線部分設為「無」。

3. 中間的芥末醬則是填色設為「無」，筆畫框線設為「14」。

3. 請利用「線段區段工具」與「放射網格工具」完成如圖的標靶繪製。

完成檔案：標靶.ai

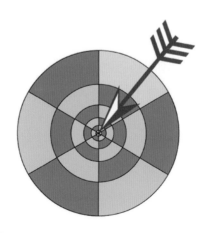

實作提示：

1. 點選「放射網格工具」，寬高設為「350」，同心圓分隔線為「5」，偏移效果「-63%」，放射狀分隔線設為「6」，按「確定」鈕離開後，將圖形填滿淺綠色。

2. 點選「即時上色油漆桶」工具，選取深綠色，依序在圖形中填入。

3. 點選「線段區段工具」，繪製一直線，筆畫設為9pt紅色。

4. 開啟「筆畫」面板，由面板中設定左側為「箭頭16」，右側為「箭頭18」。

4. 請利用「線段區段工具」與「放射網格工具」完成如圖的標靶繪製。
完成檔案：標靶2.ai

實作提示：

1. 點選「放射網格工具」，寬高設為「350」，同心圓分隔線為「5」，偏移效果「-63%」，按「確定」鈕離開。

2. 點選「即時上色油漆桶」工具，依序在圖形中填入色彩。

3. 點選「線段區段工具」，繪製一直線，筆畫設為10pt。

4. 開啟「筆畫」面板，由面板中設定左側為「箭頭32」，縮放「50%」，右側為「箭頭3」。

CHAPTER

4

5. 請利用「橢圓形工具」、「矩形格線工具」、「線段區段工具」完成如下圖的羽毛球拍及羽球的繪製。

完成檔案：球拍.ai

實作提示：

1. 以「矩形格線工具」繪製一個水平／垂直分隔線各為「10」，筆畫為「1」的網狀圖形。

2. 藍色的羽球拍是以「橢圓形工具」和「線段區段工具」完成的，筆畫設為「20」。

3. 複製藍色的橢圓形，將框線改設為「無」，並填滿任一顏色。

4. 同時選取網狀物與複製的橢圓形，執行「物件／剪裁遮色片／製作」指令，即可得到橢圓型狀的網狀物，將該網狀物置於球拍之下。

5. 羽球部分，灰色的羽毛由兩段的「線段區段工具」繪製而成，上半段選用「寬度描述檔1」，筆畫「30」，下半段選用「一致」，筆畫「5」。兩段群組後，再製、旋轉，即可完成灰色的羽毛部分。

6.紅色部分選用「橢圓形工具」繪製橢圓形，再利用「直接選取工具」刪除上方的錨點就行了。

7.同時選取整個羽球部分，群組後再製、再利用「旋轉工具」旋轉方向。

第五章

圖樣與上彩的職場實作

　　圖樣花紋的設計在美術設計領域中占有舉足輕重的地位，以往設計師都是透過二方連續、四方連續，及美的形式原理（統一、反覆、對稱、漸變、比例等）來產生圖樣，然後再一一上彩，製作過程繁瑣且費時，而現在利用Illustrator軟體來做圖樣花紋，只要短短幾分鐘的時間就可以完成。另外本章還要跟各位介紹「符號資料庫」的功能以及漸層色彩的應用技巧，讓你的圖案設計瞬間也能變得色彩繽紛。

5-1 自製花紋圖樣

　　在這個小節中，我們將告訴各位圖案花紋的設計技巧，讓各位輕鬆將圖樣應用在造形設計之中。首先請各位利用前面所學習的各項技巧，在空白文件上繪製一個你喜歡的造形圖案，圖案造形設計後可縮小比例，這樣比較能看出圖案拼接之後的效果。如圖示：

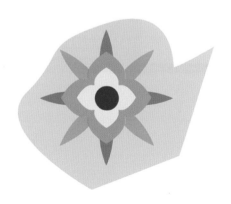

5-1-1 圖樣製作

　　基本圖案繪製後,接下來將利用「物件 / 圖樣 / 製作」功能來定義圖樣,其設定方式如下:

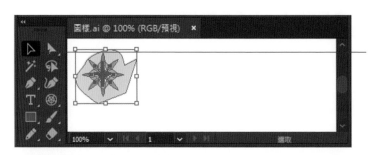

1. 使用「選取工具」全選圖樣,執行「物件 / 圖樣 / 製作」指令

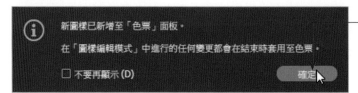

2. 顯示訊息視窗,按下「確定」鈕離開

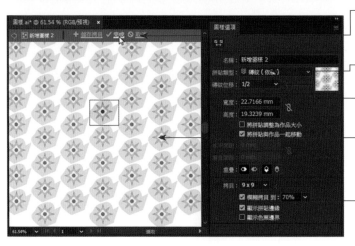

6. 設定完成時,按下「完成」鈕離開

3. 下拉選擇拼接的類型

4. 設定磚紋位移的比例

設定時可以由此看到圖樣拼接之後的效果

5. 設定拷貝的數量

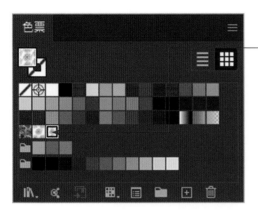

7.色票中已經出現了剛剛製作的圖樣

在進行拼貼時，「圖樣選項」面板上還有一個「圖樣拼貼工具」，此工具可以進行拼貼間距的調整喔！如下所示：

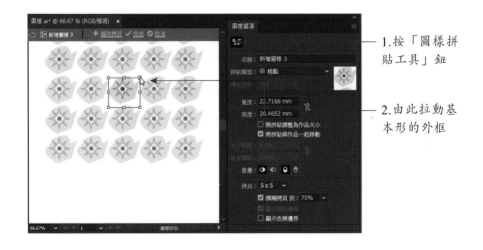

1.按「圖樣拼貼工具」鈕

2.由此拉動基本形的外框

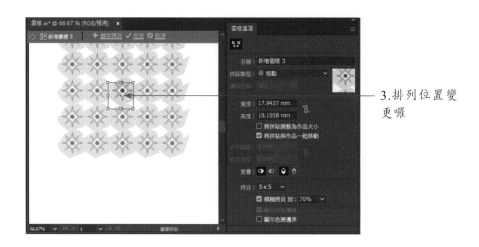

3.排列位置變
更囉

5-1-2 填滿圖樣

　　剛剛製作完成的圖樣，各位可以在「色票」面板中看到並點選之，此
時只要在該文件中拖曳出您要的造形區域，即可填滿該圖樣。

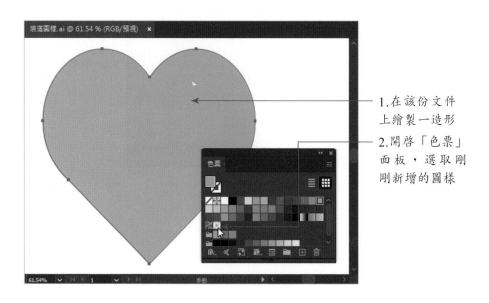

1.在該份文件
上繪製一造形

2.開啓「色票」
面板，選取剛
剛新增的圖樣

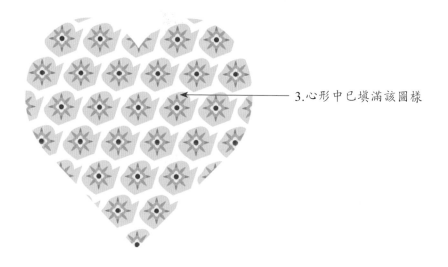

3.心形中已填滿該圖樣

5-2 好用的創意符號

　　前面學會了將自製的圖案拼接成圖樣，接下來介紹一種很好用又很方便的「符號」製作方法。Illustrator內建各式各樣的符號資料庫，內容包含了自然、花朵、慶祝、懷舊藝術、3D符號、網頁按鈕和橫條等，只要挑選所需的類別，再利用各種符號工具來噴灑、縮放、旋轉⋯⋯，就可以快速完成一幅畫面。

利用各種符號
快速完成的畫
面

5-2-1 開啟符號資料庫

　　想要選用Illustrator所提供的符號資料庫，首先必須執行「視窗 / 符號」指令開啟符號面板，從符號面板中才能選擇要開啟的符號類別。

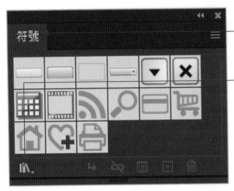

1.執行「視窗 / 符號」指令開啟符號面板

2.按下此鈕

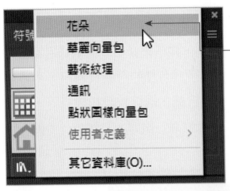

3.由顯現的清單中選擇「花朵」類別

4.顯示各種花朵的符號

5-2-2 以符號噴灑器工具噴灑符號

「符號噴灑器工具」是採用類似噴灑的方式,快速在畫面上建立多個符號造形。所以當各位看到資料庫中的符號圖示後,只要選擇想要使用的花朵圖示,利用「符號噴灑器工具」即可在文件上快速噴灑出花朵。

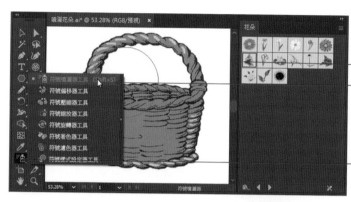

3.點選此花朵符號

2.點選「符號噴灑器工具」

1.按此處

4.以滑鼠在文件上按一下,即可噴灑出花朵,而按住滑鼠時間越長,則可噴出較多的花朵

5-2-3 調整符號的大小／位置／旋轉角度／著色

在預設的狀態下，噴灑出來的符號是一樣的尺寸大小，不過可以利用其他的符號工具來對符號做各種處理，諸如：大小、位置、旋轉角度、著色等。

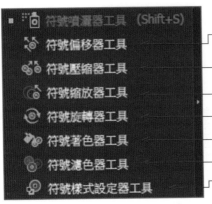

用來調整符號組中符號造形的位置與上下順序

用來調整符號組中符號造形的間隔距離

用來調整符號組中符號造形的尺寸大小

用來調整符號組中符號造形的旋轉角度

用來調整符號組中符號造形的顏色效果

用來調整符號組中符號造形的透明度

可將所選擇的樣式效果套用到符號組中符號造形

接下來我們試著調整花朵的大小、位置與顏色。

2.按住此處將可放大花朵的尺寸

1.點選「符號縮放器工具」

CHAPTER

5

4.按此處可以調整花朵的位置

3.點選「符號偏移器工具」

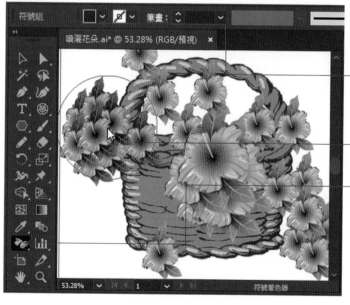

6.由此改變色彩為紫色

7.按此處，則花朵變成紫色

5.點選「符號著色器工具」

5-3 添加繽紛色彩

　　這個小節中我們主要探討顏色的應用。先前我們介紹大家利用「工具」面板和「控制」面板來填色或筆畫單一色彩，事實上還有「顏色」面板和「色彩參考」面板也可以選用單一顏色。除此之外，漸層和透明度的應用，都可以讓造形圖案的變化更豐富喔！現在我們就針對這些內容做說明。

5-3-1 顏色面板

　　執行「視窗 / 顏色」指令，可叫出「顏色面板」。使用時只要以滑鼠直接在光譜中點選想要使用的顏色，就可以將顏色填入選取的圖形當中。

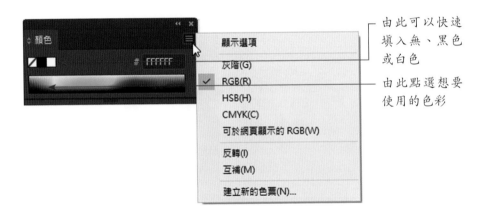

由此可以快速填入無、黑色或白色

由此點選想要使用的色彩

　　若由視窗右上角按下 ▤ 鈕並下拉選擇「顯示選項」指令，「顏色」面板將顯示如下圖，各位可以直接輸入顏色的數值，也可以設定為「填色」或「筆畫」。

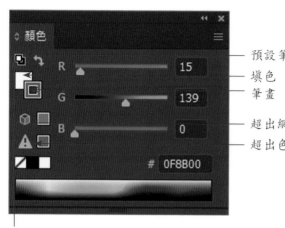

— 預設筆畫與填色
— 填色
— 筆畫

— 超出網頁色彩警告（按一下即可校正）
— 超出色域警告（按一下即可校正）

預設的填色或筆畫（黑／白）

5-3-2 色彩參考面板

　　執行「視窗／色彩參考」指令將可顯現如圖的「色彩參考」面板。裡面提供各種類別的色彩可供使用者選用，諸如：自然、色表、金屬效果、網頁、膚色等，應有盡有。另外還有色調調和的規則，讓各位在選擇色彩時，不用為了配色的問題而大傷腦筋。

— 由此下拉可選擇色調調和規則

— 由此下拉選擇各種的類別的色彩

5-3-3 漸層填色／筆畫漸層

想要填入漸層顏色，在「漸層工具」 ▣ 上按滑鼠兩下或執行「視窗／漸層」指令，即可開啟「漸層面板」。

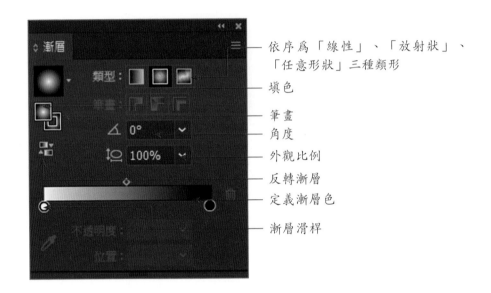

— 依序為「線性」、「放射狀」、「任意形狀」三種類形
— 填色
— 筆畫
— 角度
— 外觀比例
— 反轉漸層
— 定義漸層色
— 漸層滑桿

使用者先決定漸層類型，接著由「漸層滑鈕」設定顏色的位置和不透明度，即可產生漸層顏色。若要做多色的漸層，只要增設漸層滑鈕的位置就可以了。

CHAPTER

5

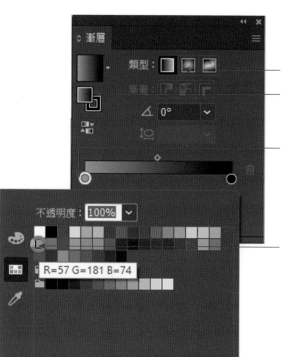

1.先選擇「線性」漸層

2.選擇「填色」

3.按此漸層滑桿兩下

4.下拉選擇顏色

5.按此滑桿兩次設定深綠色

6.在此按一下可增設滑桿，並選
擇顏色（多餘的滑鈕只要下拉，
即可刪除）

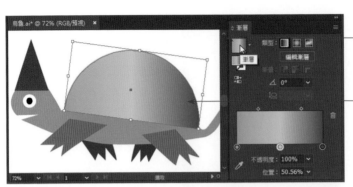

8.按一下漸層
色，即可填入
色彩

7.點選圖形

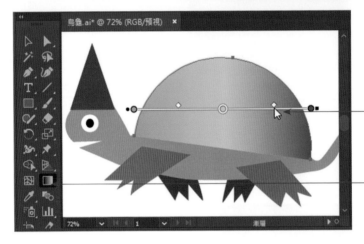

10.按圖形上的
滑桿可以調整
漸層列的分布
情形

9.點選「漸層
工具」

　　至於筆畫的漸層，只要選用「筆畫」，其他的設定方式都和漸層填色
相同。

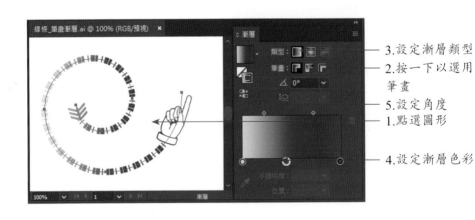

3.設定漸層類型
2.按一下以選用
筆畫
5.設定角度
1.點選圖形

4.設定漸層色彩

5-3-4 透明度與遮色片

　　透明度的作用主要在設定顏色穿透的百分比例，透明度設得低，可以讓下方的造形顯現出來，諸如：鏡片、玻璃等造形物，都可以利用透明度的功能來處理。設定透明度時可由「視窗／透明度」指令叫出「透明度」面板。

── 設定透明度的百分比例
── 由此設定漸變模式

　　不管是單一色或是漸層色彩，都可以運用「透明度」面板來做設定。

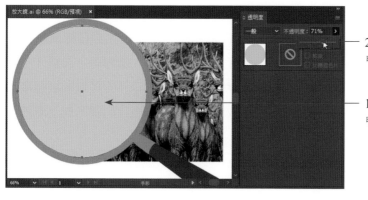

── 2.由此設定透明度

── 1.選取要做透明效果的圖形

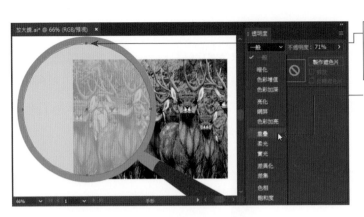

鏡片變透明了，下方的圖片依稀可見

3.下拉選擇「重疊」的漸變模式

4.示重疊的效果

　　利用「透明度」面板也可以製作遮色片。「遮色片」在繪圖軟體或動畫中被使用的機會相當普遍，不管是文字或圖形，當你將它設為「遮色片」時，在遮色片範圍內的東西才會被顯現出來，以外的區域則被隱藏起來。使用時只要將要被遮蓋的圖形放下方，作為遮色片的圖形放上層就可以了。如圖示：

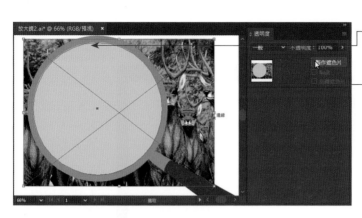

1. 同時點選圓形和下方的動物影像

2. 按下「製作遮色片」鈕

3. 有放大鏡的範圍內才出現圖形

5-4 漸變和漸層網格

　　造形的填色一向是作品是否吸引人的一個重要因素，當填色的要求不是很複雜時，單色及漸層就已經夠用；若要產生更為接近真實影像的顏色效果時，那就要使用「漸變」及「網格漸層」了。

5-4-1 漸變使用方式

　　「漸變」是在二個或多個造形之間，產生造形的連續變形或顏色的變化。使用此功能時，至少需要二個物件才可以進行，所以在繪製二個造形

後，利用「漸變工具」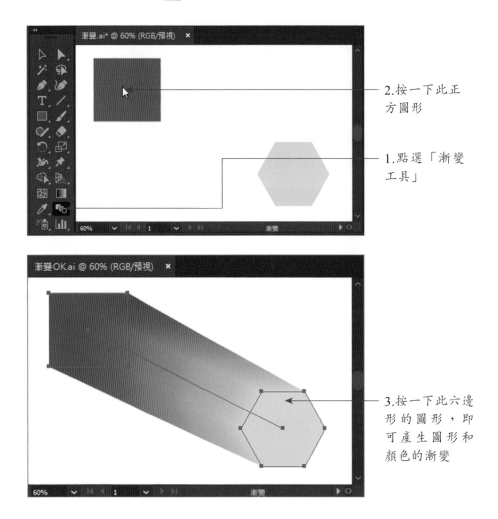 依序點選造形，即可產生漸變效果。

2.按一下此正
方圖形

1.點選「漸變
工具」

3.按一下此六邊
形的圖形，即
可產生圖形和
顏色的漸變

5-4-2 漸變效果的編輯

　　當漸變效果建立之後，仍然可以「直接選取工具」來改變圖形的位
置，使漸變效果效果符合您的要求。

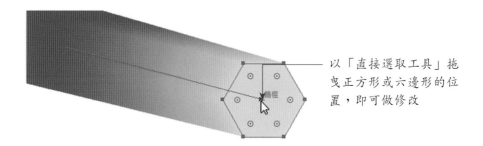

以「直接選取工具」拖曳正方形或六邊形的位置，即可做修改

　　另外，直接按「漸變工具」 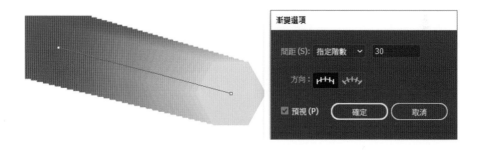 兩下，將會出現「漸變選項」的視窗，由此可以設定漸變的間距或方向。

5-4-3 建立漸層網格

　　「網格漸層」是在圖形裡套上網狀的格點，網格上的每一個格點都可以單獨的變更位置及顏色，以這種方式所產生的顏色效果可以更接近真實的影像。要在造形圖案上建立填色的網格可透過「網格工具」來處理，其建立方式如下：

CHAPTER

5

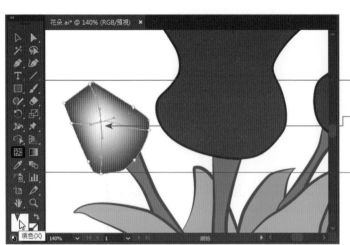

1.點選「網格工具」

2.按一下花朵，在點選的位置上就會增加一網格點

3.按兩下「填色」的色塊以設定填色

5.按此鈕確定

4.選定顏色

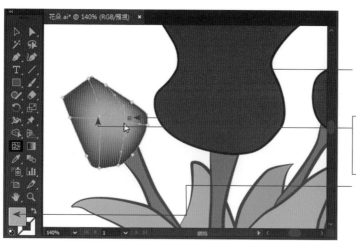

6.在網格線上按一下，可再增加網格點

網格點處已顯示新設定的色彩

7.同上方式，按下填色色塊即可設定顏色

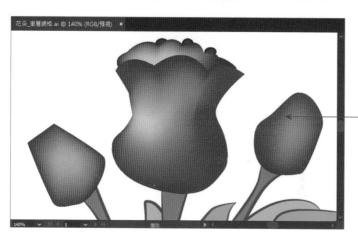

8.漸層網格所製作的花朵效果

CHAPTER

5

除了透過「網格工具」外，執行「物件／建立漸層網格」指令，也可以透過如下的視窗來設定網格的欄列數及外觀效果。

CHAPTER

5

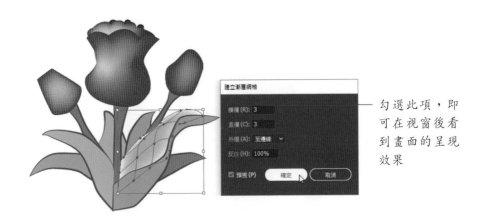

勾選此項，即
可在視窗後看
到畫面的呈現
效果

5-4-4 編輯漸層網格

建立漸層網格後，各位仍然可以增／減網格點的數目，也可以移動網格點的位置，或是做顏色的替換。

➤ 增減網格點：在網格線上按一下左鍵可再增加網格點，若要刪除網格點，可加按「Alt」鍵。

➤ 移動網格點位置：直接以滑鼠拖曳網格點，即可變更位置，若是調整左右把手則會改變色彩所占的區域範圍。

➤ 把手可控制方向。

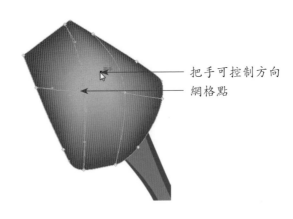

把手可控制方向

網格點

➤ 顏色替換：將顏色直接拖曳到網格點上，即可變更色彩。

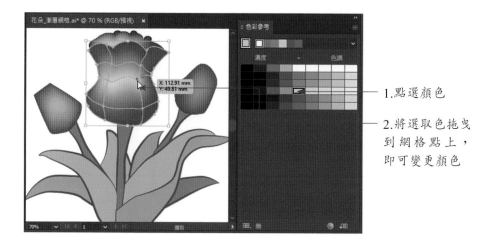

1.點選顏色

2.將選取色拖曳
到網格點上，
即可變更顏色

5-5 影像描圖

　　想要將點陣圖的影像轉換成向量式的圖形，Illustrator也有提供這樣的功能，而且轉換後還可以透過「控制」面板來選擇多種的描圖效果，讓畫面顯現特殊的視覺效果，現在我們就來看看影像描圖能產生哪些的變化。

5-5-1 製作影像描圖

　　首先將影像檔置入文件中，然後利用「物件 / 影像描圖 / 製作」指令來描繪影像。

1.取影像圖後，執行「物件 / 影像描圖 / 製作」指令

2.示描圖結果

5-5-2 以「影像描圖面板」編修臨界值

　　影像描圖主要是透過「臨界值」的設定來產生影像內容，若是對剛剛產生的黑白效果並不滿意，可以透過「影像描圖面板」■來做調整。

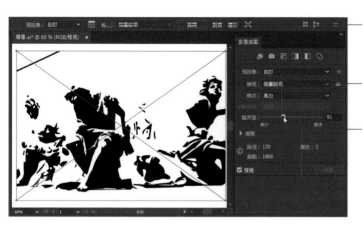

1. 按此鈕使開啟「影像描圖面板」

2. 調整臨值的比例

3. 若勾選「預覽」，則每次調整臨界值時，它就會自動顯示描圖的結果

5-5-3 影像描圖的色彩模式

影像描圖後，利用「控制」面板上的「預設集」，可以設定剪影、線條圖、灰階濃度、高／低保真度相片等描圖效果。另外，「影像描圖」面板則提供更多的設定項目與色彩選擇，讓使用者可以依照文件的需求做更多的變化。

由此可以選擇預設的效果

1. 點選已描圖的影像

2. 下拉選擇「色彩」

3. 設定顏色數目

4.顯示四色的彩色模式

5-5-4 展開影像描圖

　　影像描圖之後，如果希望將描繪的結果轉換成向量路徑，以便做個別的路徑編修，那麼可以利用「物件 / 影像描圖 / 展開」指令，或是按下「控制」面板上的「展開」鈕來處理。

2.按下「展開」鈕

1.點選影像畫面

3.「直接點選工具」點選路徑，即可做個別的編修

展開後可以看到許多的向量路徑

課後習題

實作題

1. 請開啟「基本圖樣.ai」，將所提供的基本型定義成圖樣，然後完成如圖包裝盒。

　來源檔案：基本圖樣.ai

基本型

禮盒

完成檔案：禮物包裝ok.ai

實作提示：

1. 選取基本型後，執行「物件／圖樣／製作」指令定義圖樣。

2. 開啟「色票」面板，將上方的綠色填入圖樣。

3. 複製禮盒下方和左側的綠色區域，將複製物填入圖樣，然後分別移到綠色色塊的圖層下方。

4. 由「控制」面板上將綠色色塊的「不透明度」分別設為「50」和「70」，就可以讓後方的圖樣顯現出來。

2. 請利用「符號噴灑器工具」的功能，在提供的宴客桌上擺滿好吃的壽司等食物。

來源檔案：宴客桌.ai

完成檔案：宴客桌ok.ai

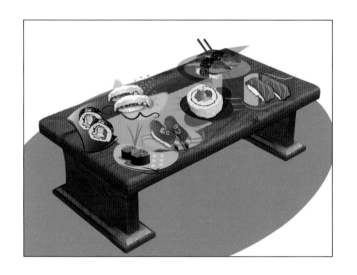

實作提示：

1. 開啟來源檔案「宴客桌.ai」，由「圖層」面板上製作新圖層。

2. 執行「視窗／符號」指令開啟「符號」面板，由右上角執行「開啟符號資料庫／壽司」指令，使顯示壽司等相關圖示。

3. 點選「符號噴灑器工具」，點選想要使用的圖示，在宴客桌上按一下左鍵，即可加入壽司圖案。

3. 請將上一章節完成的熱狗插圖，運用「漸層」面板，將單色調的熱狗更換成漸層色彩。

來源檔案：熱狗.ai

完成檔案：熱狗ok.ai

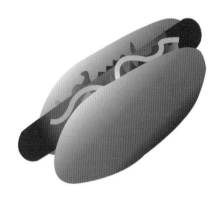

實作提示：

1. 執行「視窗／漸層」指令開啓「漸層」面板。麵包部分，使用線性漸層，角度設為「-45度」。

2. 熱狗部分設為「放射狀」漸層，綠色蔬菜部分設為「線性漸層」。

3. 芥末醬部分需改為筆畫填色，類型設為「放射狀」，由白漸層到螢光綠色。

4. 開啓「透明桌.ai」檔，請試著利用「透明度」面板，將中間的玻璃設定成如圖的效果。

來源檔案：透明桌.ai

完成檔案：透明桌ok.ai

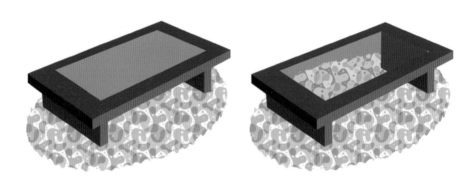

實作提示：

執行「視窗／透明度」指令使開啓「透明度」面板，將「漸變顏色」改為「顏色」就可以了。

5. 請將「相片.jpg」檔置入到800×600像素的文件中，利用「影像描圖」功能，完成如圖的8色效果。

完成檔案：影像描圖ok.ai

CHAPTER

5

實作提示：

1. 執行「檔案／新增」指令，開啓800×600像素的文件。

2. 執行「檔案／置入」指令將「相片.jpg」檔置入。

3. 執行「物件／影像描圖／製作」指令，在「影像描圖」面板中，將「模式」更換爲「彩色」，顏色設爲「8」。

6. 開啓第四章習題所繪製的「薯條.ai」，請利用「建立漸層網格」的功能完成如下圖的漸層塡色效果。

來源檔案：薯條.ai

完成檔案：薯條ok.ai

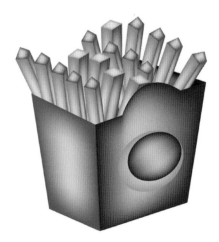

實作提示：

1. 全選所有薯條的物件，按右鍵執行「解散群組」指令。

2. 全選所有物件，執行「物件／建立漸層網格」指令，設定橫欄「3」，直欄「2」，外觀「至中央」，反白「80%」。

第六章

線條美學的創意密技

對於線條的建立，前面的章節已經學會了線條區域、弧形、螺旋、鉛筆等工具的繪製技巧，這裡則進一步針對筆刷面板的使用做說明。因為Illustrator提供各種的筆刷和筆刷資料庫，方便設計師快速選用，加速文件的編輯速度，所以想要利用線條來表現美學，筆刷功能不可不知。

6-1 認識筆刷

「筆刷」的作用可以隨意地畫出各種特殊線條或圖案，不管是散落筆刷、沾水筆筆刷、毛刷筆刷、圖樣筆刷、線條圖筆刷，都可以輕鬆在文件上表現出來。

6-1-1 筆刷面板

要使用筆刷工具來繪製圖案，必須透過「筆刷面板」來選擇筆刷，請執行「視窗／筆刷」指令，使開啓「筆刷」面板。

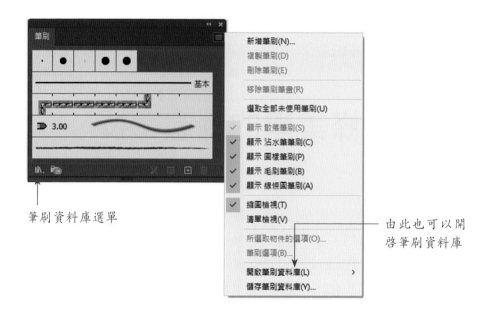

筆刷資料庫選單

由此也可以開
啟筆刷資料庫

6-1-2 開啟筆刷資料庫

在預設的狀態下，「筆刷」面板上並沒有太多的筆刷可以選用，使用
者必須開啟筆刷資料庫中的筆刷類別，才能夠利用繪圖筆刷工具或是路徑
工具來畫出筆觸效果。

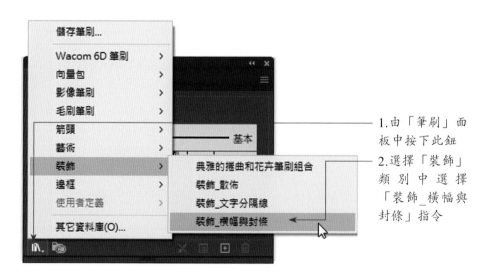

1.由「筆刷」面
板中按下此鈕

2.選擇「裝飾」
類別中選擇
「裝飾_橫幅與
封條」指令

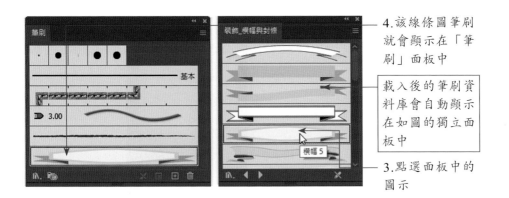

4. 該線條圖筆刷就會顯示在「筆刷」面板中

載入後的筆刷資料庫會自動顯示在如圖的獨立面板中

3. 點選面板中的圖示

筆刷資料庫所提供的筆刷樣式相當多元化，各位不妨都開啟來瞧瞧，不管是藝術筆觸、裝飾性的筆觸、毛刷效果、箭頭樣式等，這樣在設計之前心裡才會有個譜，善用這些資源來呈現更多樣的文件。

6-2 建立筆刷效果

透過筆刷資料庫取得所需的筆刷後，接下來可以利用「繪圖筆刷工具」 ✏ 來建立筆刷效果。利用線段區段工具、鋼筆工具、基本造形工具所建立的路徑，也可以套用筆刷效果。此外，「點滴筆刷」的使用技巧我們一併會跟各位做介紹，讓各位在線條美學的應用上輕鬆又自如。

6-2-1 以繪圖筆刷工具建立筆刷效果

首先我們利用「繪圖筆刷工具」 ✏ 來建立剛剛所選取的「橫幅」筆刷效果。

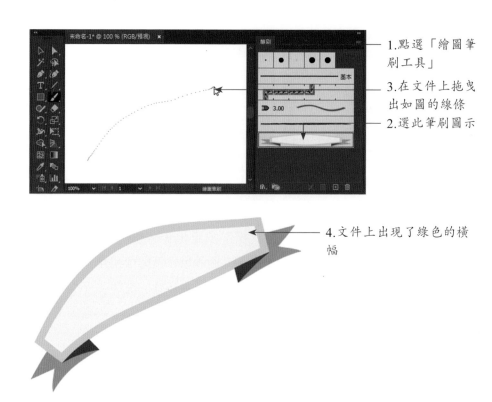

1.點選「繪圖筆刷工具」

3.在文件上拖曳出如圖的線條

2.選此筆刷圖示

4.文件上出現了綠色的橫幅

6-2-2 套用筆刷於路徑

　　除了利用「繪圖筆刷工具」 ✏ 來直接刷出筆刷效果外，舉凡：線段區段工具、鋼筆工具、矩形工具、圓角矩形工具、橢圓形工具、多邊形工具、星形工具所繪製的路徑，都可以透過「控制」面板來套用所定義的筆刷。

CHAPTER

6

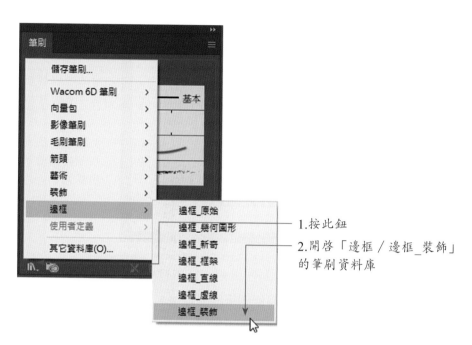

1.按此鈕

2.開啟「邊框／邊框_裝飾」的筆刷資料庫

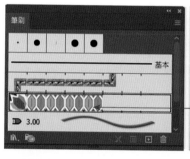

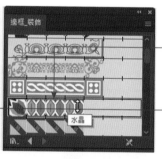

3.由開啟的獨立面板中選取此圖示

4.該筆刷已加入到「筆刷」面板中

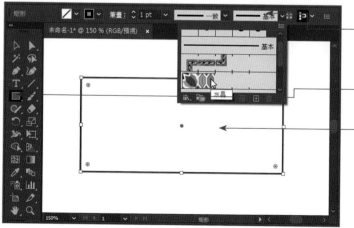

7.由此下拉選擇剛剛定義的筆刷圖示

5.點選「矩形工具」

6.在文件上繪製一矩形

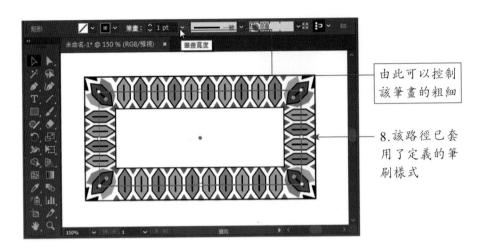

前面我們提到過，Illustrator的筆刷資料庫包括了散落筆刷、沾水筆筆刷、毛刷筆刷、圖樣筆刷、線條圖筆刷等類型，想要知道所選用的筆刷屬於哪一類型，可以由右側的清單中得知。

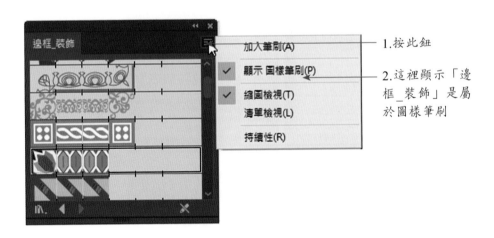

6-2-3 點滴筆刷

「點滴筆刷工具」 是一個相當特別的筆刷工具，因為在建立圖案時，它是以「筆畫」色彩填入；當以「選取工具」選取圖案時，它可以讓

CHAPTER

6

使用者個別設定填色或筆畫的色彩；而繪製過程中若有互相重疊或交叉的
情形產生時，它會自動「合併路徑」。如圖示：

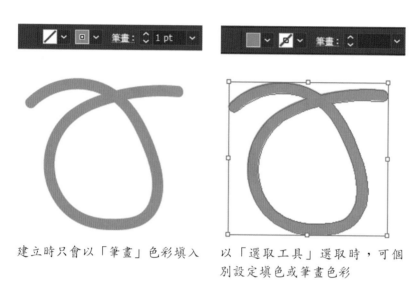

建立時只會以「筆畫」色彩填入   以「選取工具」選取時，可個
                              別設定填色或筆畫色彩

　　使用「點滴筆刷工具」 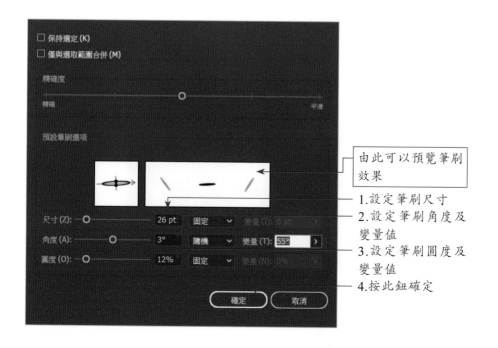 時，可先按滑鼠兩下於工具上，將會顯示
選項視窗讓使用者設定筆刷的尺寸、角度與圓度。

由此可以預覽筆刷
效果
1.設定筆刷尺寸
2.設定筆刷角度及
　變量值
3.設定筆刷圓度及
　變量值
4.按此鈕確定

如下所示，顯示點滴筆刷刷出來的效果，重疊或交叉的部分已合併成路徑。

課後習題

實作題

1. 請開啓「指示圖.ai」，利用「筆刷」功能，匯入筆刷資料庫中的「邊框／邊框_裝飾／百合花徽」和「箭頭／圖樣箭頭」中的箭頭筆刷，使完成如下圖箭頭指示與邊框設定。

   來源檔案：指示圖.ai

活動中心　教堂　體育館

完成檔案：指示圖ok.ai

實作提示：

1. 開啓「筆刷面板」，由右側下拉選擇「開啓筆刷資料庫／邊框／邊框_裝飾」的類別，再選擇「百合花徽」的圖樣。

2. 點選「矩形工具」，在圖片上拖曳出矩形的邊框，填色設爲「無」，筆畫寬度設爲「1」。

3. 由「筆刷面板」右側選擇「開啓筆刷資料庫／箭頭／圖樣箭頭」的類別，分別選用紅色、黃色、藍色的箭頭筆刷。

4. 點選「繪圖筆刷工具」，筆畫寬度設爲「5」，依序在文件上拖曳出箭頭。

2. 請利用「筆刷工具」功能，匯入筆刷資料庫的「邊框／邊框_裝飾」和「邊框／邊框_新奇」類別，再加入符號資料庫的「花朵」類別，完成如下圖的花園景色。

完成檔案：花園一角ok.ai

CHAPTER

6

實作提示：

1. 開啓「筆刷面板」，選用「邊框_裝飾」中的「彩色玻璃」，運用「線段區段工具」繪製直線，筆畫寬度設爲「3」。

2. 選用「邊框_裝飾」中的「奏鳴曲」，運用「線段區段工具」繪製直線，筆畫寬度設爲「3」。

3. 選用「邊框_新奇」中的「草」，運用「線段區段工具」繪製兩條直線，筆畫寬度設爲「5」和「7」，並將圖形移到最下層。

4. 選用「矩形工具」，繪製一綠色矩形，置於文件最下方。

5. 開啓「符號」面板，匯入符號資料庫中的「花朵」類別，選用「非洲菊」的圖樣。

6. 點選「符號噴灑器工具」在草的上方噴灑出花朵造形。

7. 點選「符號縮放器工具」針對局部花朵做放大處理。

3. 請匯入筆刷資料庫的「裝飾／典雅的捲曲和花卉筆刷組合」類別，使用「線段區段工具」，運用「人物」和「城市」兩種圖樣，完成如圖的都市景觀。

完成檔案：都市ok.ai

實作提示：

1. 開啓「筆刷面板」，匯入筆刷資料庫的「裝飾／典雅的捲曲和花卉筆刷組合」類別。

2. 選用「線段區段工具」，點選「人物」的圖樣，分別繪製三條直線：
   ➢ 紫色：筆畫粗細「2.5pt」
   ➢ 深灰色：筆畫粗細「2pt」
   ➢ 淺灰色：筆畫粗細「1.8pt」

3. 選用「線段區段工具」，點選「城市」的圖樣，分別繪製四條直線：
   ➢ 深灰色：筆畫粗細「3pt」
   ➢ 中灰色：筆畫粗細「1pt」
   ➢ 淺灰色：筆畫粗細「1pt」

　➢ 淺褐色：筆畫粗細「2pt」

4. 點選「點滴筆刷工具」，以滑鼠在文件上直接書寫「忙！忙！忙！」等字。

4. 請匯入「筆刷資料庫／向量包／頹廢筆刷向量包／頹廢筆刷向量包03」的筆刷效果，利用「點滴筆刷工具」完成如圖的書法字效果。

完成檔案：如意ok.ai

實作提示：

1. 開啓「筆刷面板」，匯入筆刷資料庫的「向量包／頹廢筆刷向量包」的類別。

2. 選用「點滴筆刷工具」，以滑鼠拖曳方式書寫出「如意」二字，依序點選書寫的筆畫線條，點選「頹廢筆刷向量包03」的筆觸就可以了。

第七章

玩轉顛覆文字超效果

在美術設計中，文字的編排設計占有舉足輕重的地位；文字處理若不恰當，可能會影響整個畫面的宣傳效果。因此這一章節中，我們要來好好的研究文字各種處理方式與表現手法。

7-1 建立文字

Illustrator中所提供的文字工具包括有六種，各位可以從「工具面板」上做切換。

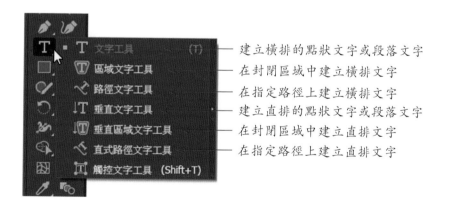

建立橫排的點狀文字或段落文字
在封閉區域中建立橫排文字
在指定路徑上建立橫排文字
建立直排的點狀文字或段落文字
在封閉區域中建立直排文字
在指定路徑上建立直排文字

7-1-1 建立點狀文字

要輸入單行或單列的標題文字，可以選用「文字工具」 ■ 或「垂直文字工具」 ■。點選文字工具後，只要在文件上按下滑鼠左鍵，就會看到預設的反白文字即可開始輸入文字。而輸入文字後，透過「控制」面板可以快速設定文字的填色、筆畫、筆畫粗細或字元樣式。

3.由控制面板設定文字效果
2.按一下左鍵即可輸入文字
1.點選「文字工具」

4.快速為標題文字加入填色與筆畫

7-1-2 建立段落文字

如果輸入的文字內容較長，為了方便文字的設定，可在選用「文字工具」 ■ 或「垂直文字工具」 ■ 後，以拖曳的方式在文件上建立一個文字範圍，輸入文字內容後，再利用「控制」面板來調整字元的比例大小。

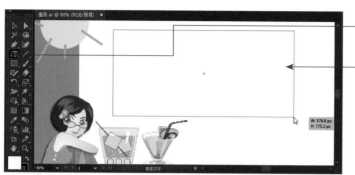

1.點選「垂直
文字工具」

2.在文件上拖
曳出矩形的文
字區域範圍

4.由控制面板可
以調整文字色
彩或字元樣式

3.輸入所需的文
字內容

7-1-3 文字的連結

　　有時候文字內容較多，而使用者所設定的文字框範圍無法完全顯示所有文字時，就會在文字框的右下角看到 ⊞ 的溢排符號，此時拉大文字框的區域範圍，當所有文字都可以出現在文字框內時，溢排符號才會消失。

出現此符號表示文章還沒結束

出現此符號，表示文章有完全排入

如果文字內容需要分欄顯示，只要按下 ⊞ 溢排符號，再另外拖曳出一個文字框，文字即可互相銜接。

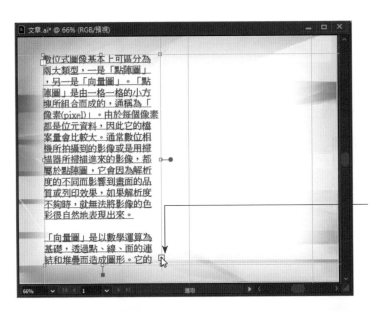

1.以滑鼠按下溢排符號

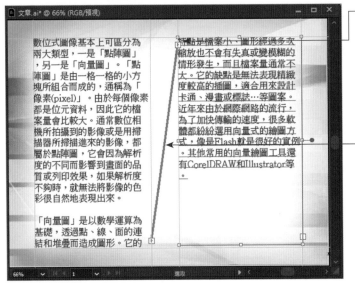

2.在第二欄的左上角拖曳到右下角後放開滑鼠，即可看到兩個文字框的連結線

連結線

這樣的功能設計讓美術編輯人員在編排文件時非常的方便，因爲當文字大小或樣式做修改後，文章仍然銜接在一起，設計師只要顧好版面的美觀，而不會因一時的疏忽而讓文章出現斷層。如果文章須要顯示在特定的造形中，一樣是先按下 ⊞ 溢排符號，再按一下造形的邊框，文章內容就會自動排入造形裡。

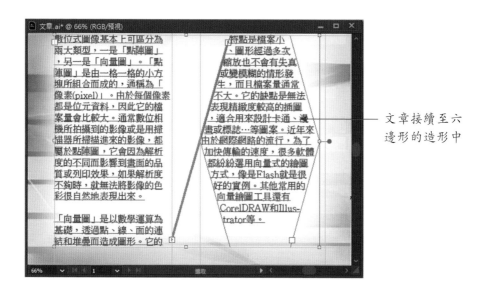

文章接續至六邊形的造形中

7-1-4 建立形狀區域文字

如果需要在特定的形狀中加入文字內容，可以選用「區域文字工具」 ⊺ 或「垂直區域文字工具」 ⊺ 來處理。

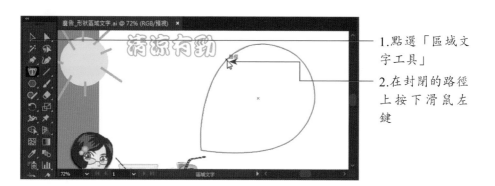

1.點選「區域文字工具」

2.在封閉的路徑上按下滑鼠左鍵

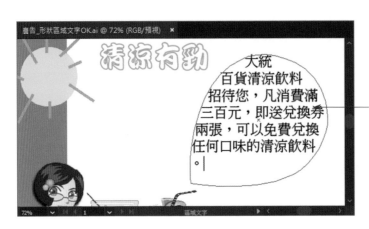

3.輸入的文字即可顯示在造形中

7-1-5 建立路徑文字

如果希望建立的文字能夠沿著特定的路徑顯示，那麼只要畫好路徑後，利用「路徑文字工具」 或「垂直路徑文字工具」 來點選路徑，文字就能順著路徑排列。

7-2 文字編輯

　　透過文字工具輸入文字後，接下來就必須透過字元面板或樣式面板來調整文字的屬性。此外，直書／橫書的轉換、文字變形、彎曲文字等，我們也一併來探討。

7-2-1 設定字元與段落格式

　　文件中加入文字後，各位除了利用「控制」面板快速設定文字的顏色與筆畫色彩外，由控制面板上按下「字元」或「段落」，也可以設定字元與段落的格式。

設定字元 設定段落

字元

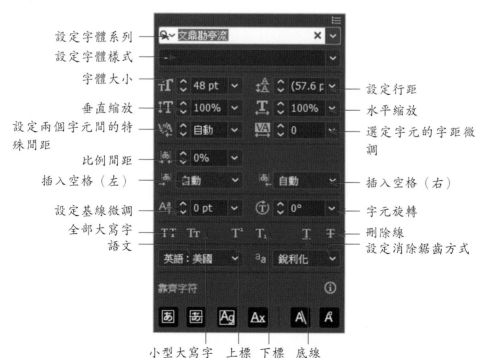

段落

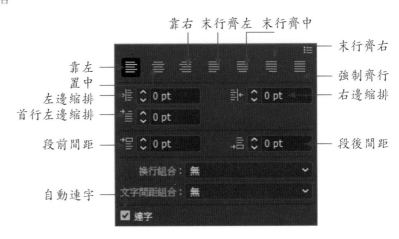

　　使用時只要選取文字框，或是反白要設定的文字區域，就可以透過字
元或段落面板來設定文字格式。

2.按下「字元」

3.由此設定字體
大小

1.以「選取工
具」選取文字
框

4.按下「段落」

5.由此設定首
行的縮排

6.顯示首行縮排

7-2-2 直書／橫書轉換

　　文字格式設定後，萬一需要將原先的橫式編排改為直式，或是直式的編排改為橫式的書寫方式，可以透過「文字／文字方向」指令做轉換。

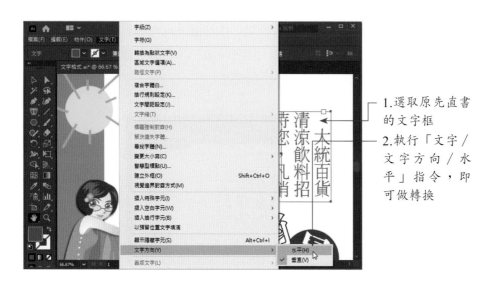

1.選取原先直書的文字框

2.執行「文字／文字方向／水平」指令，即可做轉換

7-2-3 文字變形

　　輸入的文字如果需要做旋轉或傾斜的設定，由「控制」面板上按下「變形」，即可由「變形」面板做設定。

1.按下「變形」

2.由此設定傾斜角度

這裡設定旋轉角度

文字傾斜30度的效果

CHAPTER

7

　　另外，執行「物件／變形」指令，也可以在副選單中選擇旋轉、鏡射、縮放、傾斜等設定喔！

7-2-4 彎曲文字

　　在「控制」面板上按下  鈕並下拉勾選「以彎曲製作」的選項，可以製作弧形、拱形、凸形、凹形、旗形、波形、魚眼、膨脹、螺旋等多達十五種不同彎曲樣式的文字。

2.按下此鈕

3.下拉勾選「以彎曲製作」的選項

1.選取文字

4.下拉選擇彎曲樣式

5.設定水平方向

6.設定彎曲度

勾選此項，可以預覽彎曲的效果

7.按此鈕確定

8.標題文字變
弧形了

7-2-5 文字轉路徑（建立外框）

　　當各位編輯完文字的格式與樣式後，在輸出前最好可以將文字轉成向
量路徑，它的好處是，文字轉成路徑後已變成圖形，即使輸出公司沒有你
所設定的字形，也可以正確的顯示該文字。它的缺點是，文字轉成路徑後
已不再具有文字的特性，所以無法再次編修文字的格式或屬性。因此建議
各位最好兩種方式的檔案都可以保留，原始文字可以方便將來做修改或改
版之用，而轉路徑的檔案則是提供給輸出公司用。

1.點選文字

2.執行「文字／
建立外框」指
令

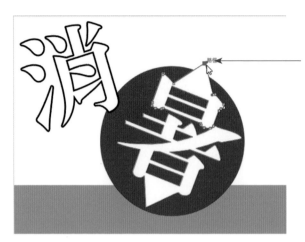

文字轉成向量路徑後，可
以依圖形的方式去做編修

7-3 段落樣式與字元樣式

　　前面的小節中，各位對於文字的各種屬性設定有了相當的了解後，接
下來的這個小節我們將探討段落樣式和字元樣式的設定。因為Illustrator
也可以和文書處理軟體或排版軟體一樣，利用段落樣式和字元樣式的設定
來加快書冊的文字處理。

7-3-1 套用段落樣式與字元樣式

　　首先讓各位體會一下套用段落樣式與字元樣式的快感。如下圖所
示，當各位設定好所需的樣式後，只要選取需要做設定的文字，即可快速
套用已設定的樣式。請執行「視窗 / 文字」功能表中執行「段落樣式」和
「字元樣式」指令，就可以看到此二面板。

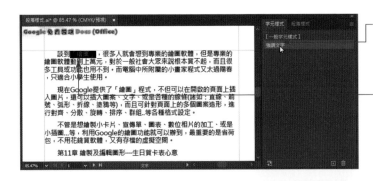

2. 按下「字元樣式」面板中的樣式

1. 開啟此文件後，選取要套用字元樣式的文字

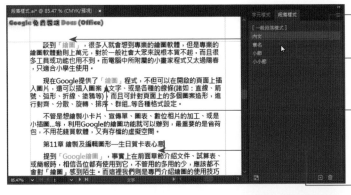

文字套用了「強調文字」

5. 由「段落樣式」面板上按下「章名」的樣式

3. 以同樣方式可快速為其他重點字加入強調的效果

4. 將輸入點放在章名上

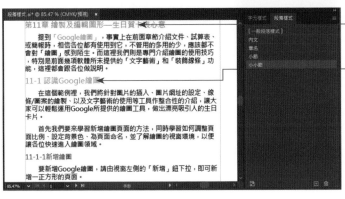

6. 章名已套用樣式

7. 以同樣方式可為其他標題套用所屬的樣式效果

7-3-2 建立段落樣式

　　想要建立段落樣式，請先將文字編排至文件中，然後利用面板的功能表來新增段落樣式，接著再從面板的功能表中設定段落樣式的選項。其設

定方式如下：

建立內文的段落樣式

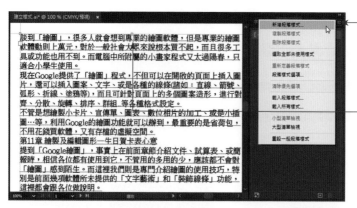

2.由「段落樣
式」右側下拉選
擇「新增段落樣
式」指令

1.點選文字框

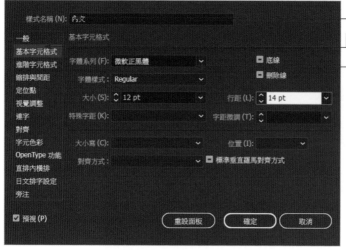

3.輸入樣式名稱

4.點選「基本字
元格式」

5.設定字體系
列、字體樣式、
大小、行距等屬
性

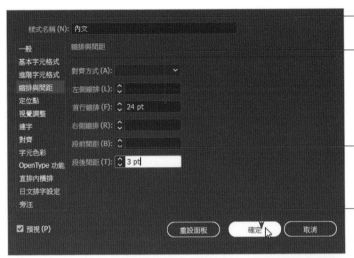

6.切換到「縮排與間距」

7.由此可設定首行縮排的距離，並設定段落與前／後段落之距離

如需設定內文字顏色，可切換到「字元色彩」

8.設定完成按「確定」鈕離開

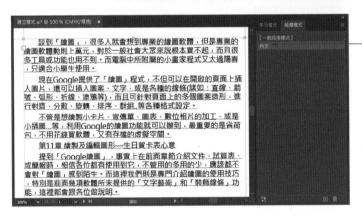

9.點選「內文」樣式，整個文字框內的文字就會套用新的內文樣式

CHAPTER

7

　　學會「內文」段落樣式的建立方式後，請各位自行練習新增「章名」、「小節」、「小小節」的段落樣式，並試著套用看看，如果有問題，請開啟「段落樣式.ai」檔來瞧瞧。

7-3-3 建立字元樣式

　　「字元樣式」的建立方式和「段落樣式」是一樣的，在選取文字後，由「字元樣式」面板下拉執行「新增字元樣式」指令，接著再執行

「字元樣式選項」的指令，即可進入視窗中設定文字格式。

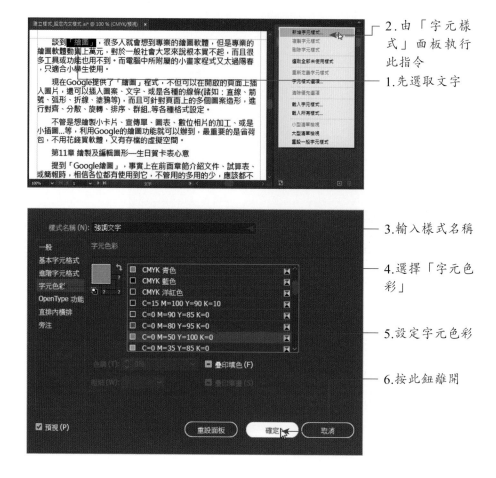

2.由「字元樣式」面板執行此指令

1.先選取文字

3.輸入樣式名稱

4.選擇「字元色彩」

5.設定字元色彩

6.按此鈕離開

7-3-4 文字的分欄

編排書冊的時候，經常會看到文章做分欄或分列處理，以利文章的閱讀。在Illustrator中可利用「文字／區域文字選項」的功能來處理。設定方式如下：

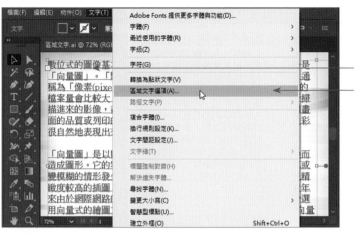

1.點選文字框

2.執行「文字／區域文字選項」指令

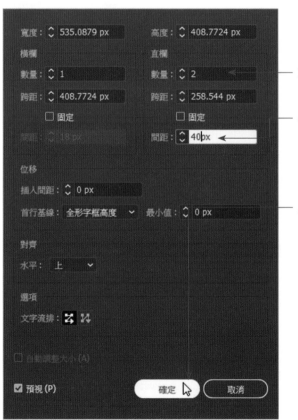

3.選擇直欄分兩個

4.設定間距

5.按此鈕確定

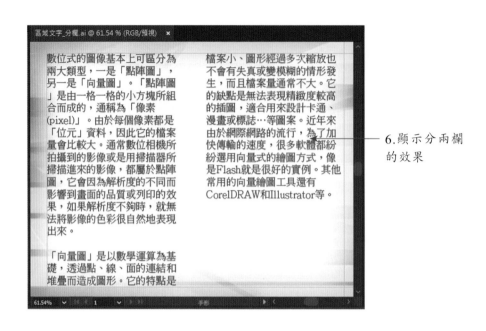

6.顯示分兩欄
的效果

7-3-5 製作繞圖排文

編排圖文時，各位也可以考慮使用繞圖排文的方式，讓文字圍繞在圖片的四周。使用時，同時選取圖片和文字，再執行「物件 / 繞圖排文 / 製作」指令就行了。若要調整文字與圖片間的距離，則是利用「物件 / 繞圖排文 / 繞圖排文選項」來設定位移值。

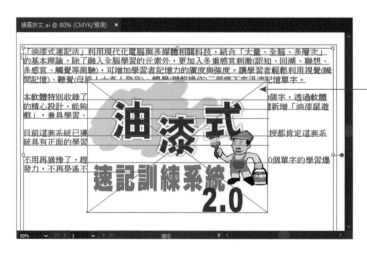

1.同時選取文字和圖片，執行「物件 / 繞圖排文 / 製作」指令

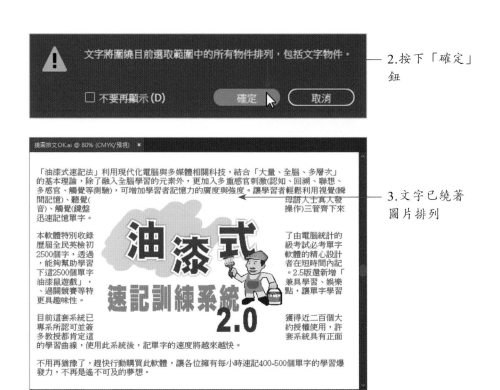

2.按下「確定」鈕

3.文字已繞著圖片排列

7-4 快速加入文字特效

在編排文件版面時，針對一些重點文字或圖片，也可以考慮使用「效果」功能表的特效來處理。裡面包含了「Illustrator效果」和「Photo-shop效果」兩大類。而剛剛執行的特效會顯示在「效果」功能表的頂端，以方便使用者快速選用。如圖示：

CHAPTER

7

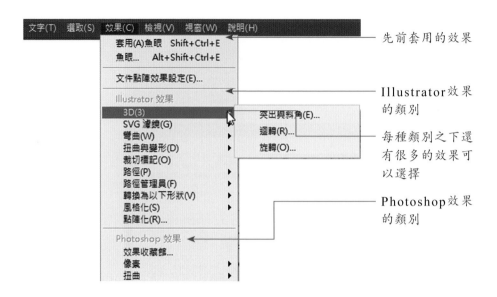

先前套用的效果

Illustrator效果
的類別

每種類別之下還
有很多的效果可
以選擇

Photoshop效果
的類別

7-4-1 加入Illustrator效果

　　Illustrator效果共分10大類，可運用在文字、向量圖形上，部分功能也可以運用在點陣圖上。限於篇幅我們僅示範陰影的效果，其餘各類效果請自行嘗試。

1.點選文字

2.執行「效果／
　風格化／製作陰
　影」指令

3.設定陰影的相關屬性

勾選此項可預先從視窗
後看到設定的結果

4.按此鈕確定

5.輕鬆加入陰影

7-4-2 加入Photoshop效果

　　「效果」功能表中的「Photoshop效果」主要套用在點陣圖上，不過也可以使用於向量圖形上。各位如果曾經使用過Photoshop軟體的「濾鏡」功能，那麼也就會使用「Photoshop效果」，因為它們的介面完全相同。限於篇幅，我們為各位示範「效果收藏館」的使用技巧。

CHAPTER

7

1.點選圖案

2.執行「效果 /
效果收藏館」
指令

5.按此鈕確定

4.由此設定屬性
內容

收藏館裡面包含
各種的類別與效
果可以選用

3.選取此效果

6.人物加入海報
邊緣的效果

課後習題

實作題

1 請輸入「吉祥如意」四字，建立外框後，加入所提供的插圖「羊.tif」
和「羊2.tif」圖檔，使完成如圖的藝術文字。

來源檔案：吉祥如意.ai

完成檔案：吉祥如意ok.ai

來源檔案　　　　　　　　　　　　完成檔案

實作提示：

1. 開啓「吉祥如意.ai」，或是自行輸入如圖的文字內容。

2. 執行「文字 / 建立外框」指令，使變成向量路徑。

3. 以「直接選取工具」點選文字的錨點，即可變更錨點位置。由「控
制」面板的「移除選取的錨點」鈕，或按鍵盤上的「Delete」鍵，即
可刪除「吉」和「意」中的矩形區塊。

4. 執行「檔案 / 置入」指令，分別置入「羊.tif」和「羊2.tif」圖檔，

即可完成編排。

2. 請在800×600像素的文件中，依照下面的說明，完成如下圖的標題文字輸入與格式設定。

完成檔案：標題文字ok.ai

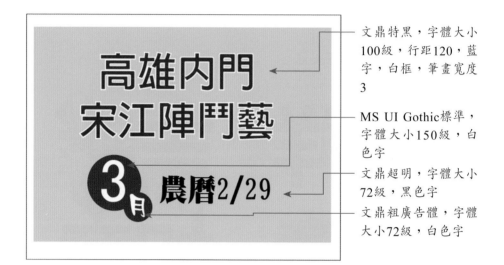

文鼎特黑，字體大小100級，行距120，藍字，白框，筆畫寬度3

MS UI Gothic標準，字體大小150級，白色字

文鼎超明，字體大小72級，黑色字

文鼎粗廣告體，字體大小72級，白色字

實作提示：

1.「檔案／新增」先設定指定的800×600文件。

2. 以「矩形工具」繪製草綠色的方塊。

3. 選擇「文字工具」輸入文字內容，利用「控制」面板可設定字體顏色和框線，「字元」鈕則可設定字元格式。

3. 延續上題的內容，請將藍色的標題字，運用「製作封套」功能，加入「魚形」的彎曲效果，同時為月份加入陰影效果，日期加入傾斜效果。

完成檔案：彎曲文字ok.ai

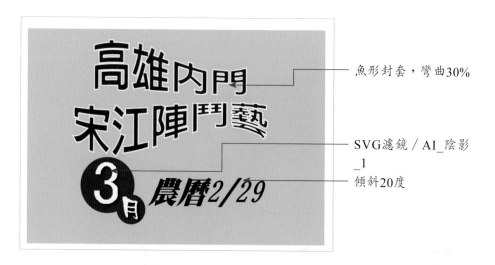

魚形封套，彎曲30%

SVG濾鏡／AI_陰影_1

傾斜20度

實作提示：

1. 點選標題文字，由「控制」面板先將「製作封套選項」設為「以彎曲製作」，再按下「製作封套」鈕，選擇「魚形」、水平、彎曲30%。

2. 點選黑色文字，由「控制」面板按下「變形」，將傾斜設為「20」。

3. 分別點選「3」、「月」二字，執行「效果／SVG濾鏡／AI_陰影_1」指令，使加入陰影效果。

4. 請將提供的「打狗英國領事館.txt」文字檔內容加入到黃色的區塊之中，並利用鋼筆工具完成如圖的路徑標題文字。圖片部分則請加入「挖剪圖案」的藝術風效果。

CHAPTER

7

來源檔案：打狗英領館.ai

完成檔案：打狗英領館ok.ai

文鼎超黑，字體大
小72級

圖片：Photoshop
效果／藝術風／挖
剪圖案

Adobe明體Std L，
字體大小19級，行
距23pt

實作提示：

1. 點選綠色區塊，加按「Alt」鍵複製一份。

2. 改選「文字工具」，再複製的圖形內按一下，將「打狗英國領事館.txt」文字檔內容貼入，再設定指定的字元格式。

3. 以「直接選取工具」約略將文字框內縮些，使文字不會太靠近綠色的邊框。

4. 點選「鋼筆工具」繪製一路徑。

5. 改選「路徑文字工具」，在路徑上按一下左鍵，即可輸入文字，由「控制」面板設定指定的字元格式。

6. 分別點選圖片，執行「效果／藝術風／挖剪圖案」指令，將數值分別設為「5，4，2」。

5. 開啟「文繞圖.ai」，請利用「段落樣式」面板加入「內文」與「標題」兩種樣式，並設定成文繞圖的效果。

來源檔案：文繞圖.ai

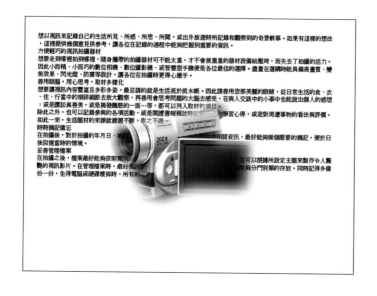

完成檔案：文繞圖ok.ai

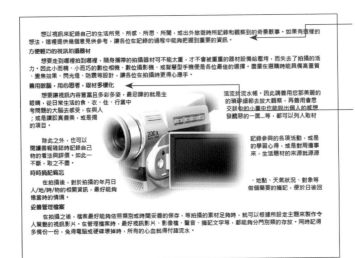

內文：褐色，微軟正黑體、14級字，行距18，首行左邊縮排30pt

標題：紅色，文鼎粗圓，14級字，行距18，段前間距5，段後間距5

實作提示：

1. 選取內文字，由「字元」面板與「段落」面板先設定指定的字體大小與樣式。

2. 開啟「段落樣式」面板，選取設定好的段落文字，由右側新增段落樣式「內文」，之後直接套用即可。

3. 選取標題文字，由「字元」面板與「段落」面板先設定指定的字體大小與樣式。

4. 開啟「段落樣式」面板，選取設定好的段落文字，由右側新增段落樣式「標題」，之後直接套用即可。

5. 同時選取文字框與圖片，執行「物件 / 繞圖排文 / 製作」指令，按下「確定」鈕後離開。

6. 點選圖片，由「控制」面板上按下「嵌入」鈕。

第八章

徹底研究統計圖表工作術

　　一個好的統計圖表會比文字內容更加具有說服力，尤其在產品的介紹上，善用條列分明的統計圖表會使產品更有說服力，而3D圖形則是比2D圖形更具立體效果和真實感。以往製作統計圖表或是3D物件，都要透過其他軟體製作後再匯入到Illustrator中做編排，現在則可以直接在Illustrator軟體中完成，不須假手其他軟體，因此這一章就要好好的針對這兩個部分做徹底研究。

8-1 統計圖表的設計

　　Illustrator的統計圖表功能包含了九種不同的圖表類型，各位可以根據需要而從左側的「工具」進行選用。

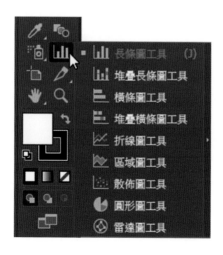

8-1-1 建立新圖表

　　要建立新的圖表並不困難，我們以常見的長條圖為例，請先利用「長條圖工具」來設計一個包含「軟體類」、「圖書類」與「餐飲類」等收入的統計圖表。資料內容如下：

	軟體類	圖書類	餐飲類
第一季	600000	530000	220000
第二季	350000	250000	320000
第三季	350000	650000	410000
第四季	750000	350000	320000

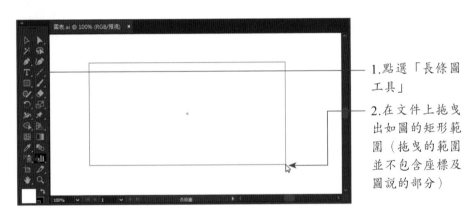

1.點選「長條圖工具」

2.在文件上拖曳出如圖的矩形範圍（拖曳的範圍並不包含座標及圖說的部分）

4.按此鈕套用

3.依序將表格中的資料利用「複製」與「貼上」指令，一一填入儲存格中

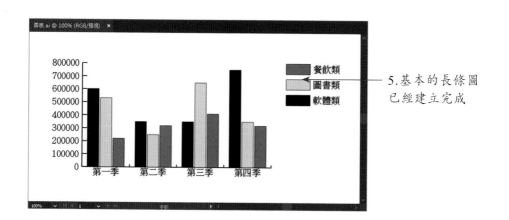

5.基本的長條圖
已經建立完成

8-1-2 讀入圖表資料

　　剛剛我們花了一些時間在「複製」與「貼上」儲存格的資料，事實上如果資料量較多時，也可以利用「讀入資料」的功能把文字檔讀入。

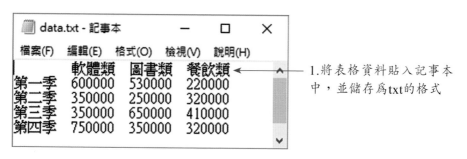

1.將表格資料貼入記事本中，並儲存爲txt的格式

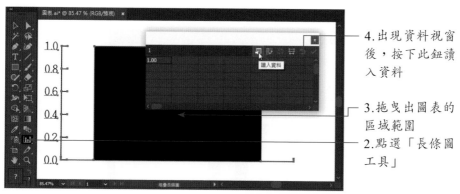

4.出現資料視窗後，按下此鈕讀入資料

3.拖曳出圖表的區域範圍

2.點選「長條圖工具」

CHAPTER

8

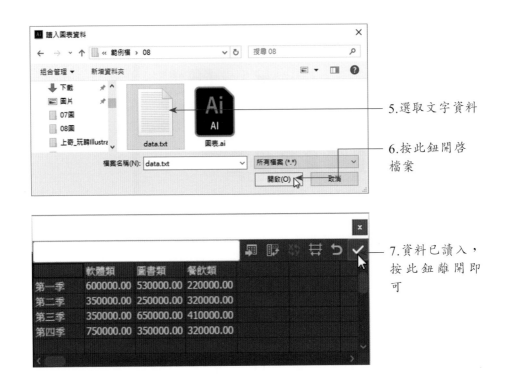

5. 選取文字資料

6. 按此鈕開啟檔案

7. 資料已讀入，按此鈕離開即可

8-1-3 變更圖表內容

在輸入圖表資料的過程之中，總有不小心輸入錯誤的時候，或是因為主管的要求，需要做直欄和橫欄的調換，此時利用右鍵執行「資料」指令，即可對資料進行修改。

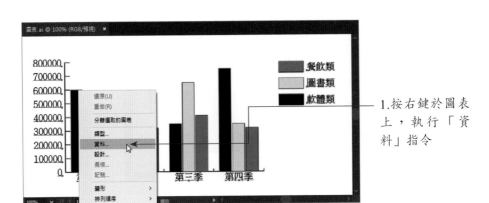

1. 按右鍵於圖表上，執行「資料」指令

2.按下此鈕即可
對調直欄與橫欄

顯示變更後的
結果

8-1-4 修改圖表色彩

　　Illustrator預設的圖表外觀是以灰階呈現，且圖表資料的格式也是最
基本的樣式，不過各位可以「群組選取工具」來對圖表的色彩做編修。

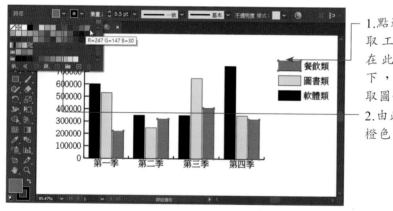

1.點選「群組選
取工具」後，
在此按滑鼠兩
下，使同時選
取圖例和數列

2.由此下拉選擇
橙色

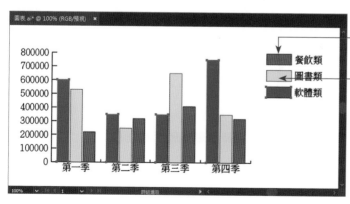

變更為橙色了

以同樣方式變
更其他兩類的
圖例顏色

8-1-5 修改圖表文字格式

要修改圖表上的文字格式只要利用「文字工具」就可以辦到。

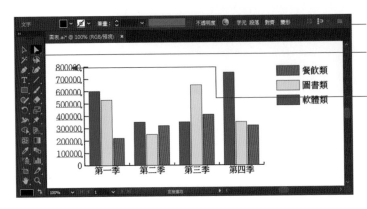

3. 由此更換爲藍色

1. 點選「直接選取工具」

2. 加按「Shift」鍵選取要更換顏色的文字區域

8-1-6 自訂圖案作為圖表設計

預設的圖表圖例都是簡單的幾何造形，不過各位也可以將自己設計的圖案來當作圖例，讓圖表的設計更符合表達的主題。這裡就以光碟來代表「軟體類」，爲各位示範如何變更圖表的設計。

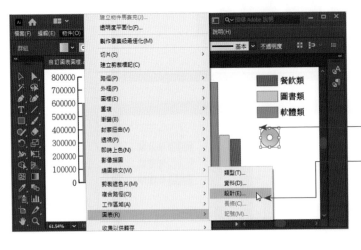

1. 點選自訂的造形圖案

2. 執行「物件 / 圖表 / 設計」指令

3.先按「新增設計」鈕新增設計

4.再按「重新命名」鈕

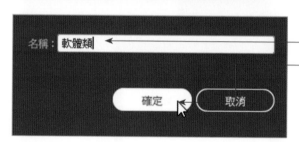

5.輸入圖表名稱

6.按此鈕確定後，再按「確定」鈕離開

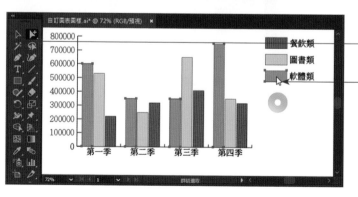

7.點選「群組選取工具」

8.按滑鼠兩下於「軟體類的圖例，使一併選取圖例與數列

9.執行「物件／圖表／長
條」指令，使進入此視
窗，點選剛剛新增的「軟
體類」長條設計

10.長條類型共有垂直縮
放、一致縮放、重複、滑
動四種選項，在此選擇將
長條類形設為「重複」

11.依據圖表中數量的多
寡，選擇適合的個別設計
代表單位

12.針對不完整的圖形可
選擇「截斷設計」或「縮
放設計」

13.設定完成按此鈕離開

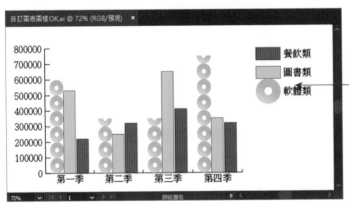

14.以光碟代表
軟體，清楚又
美觀

8-1-7 變更圖表類型

　　前面我們提過，Illustrator預設的圖表類型共有九種之多，如果圖表
製作完成後，想要變更為其他類型的圖表，只要利用右鍵選擇「類型」，
即可選擇切換，而不需要重新建立圖表。

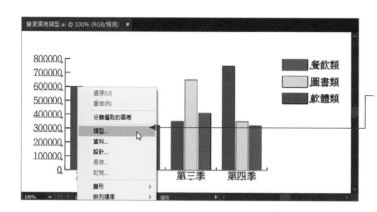

1.以「選取工具」選取圖形後，按右鍵執行「類型」指令

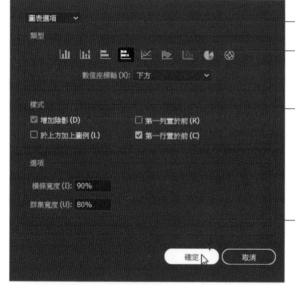

2.下拉選擇「圖表選項」

3.點選想要更換的圖表類型

4.勾選此項可為圖表加入陰影

5.按此鈕確定

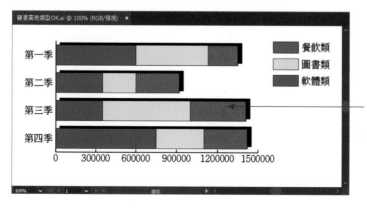

6.圖表變更完成了

8-2 3D物件製作

在Illustrator中，你也可以像3D繪圖軟體一樣建立3D物件，如此一來就不用為了簡單的3D物件而必須多次往返於各軟體間，增加製作的難度。Illustrator裡建立3D圖形的方式和3D軟體一樣，都是利用突出、迴轉、旋轉等方式來產生3D物件，因此這一章節將針對3D圖形的建立方式為各位作說明。

8-2-1 以「突出與斜角」方式建立3D物件

首先介紹的是將2D平面的曲線圖形，利用增加深度的方式而快速延展成3D物件。如圖示：

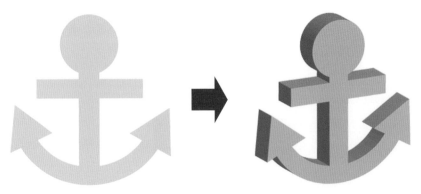

2D造形經過「突出」後變成3D造形

在3D軟體中是用所謂的「Extrude」指令來完成，而Illustrator則是利用「效果／3D／突出與斜角」的指令來製作。

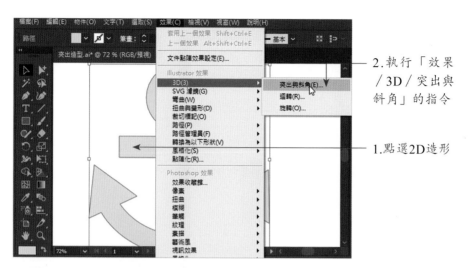

2.執行「效果
／3D／突出與
斜角」的指令

1.點選2D造形

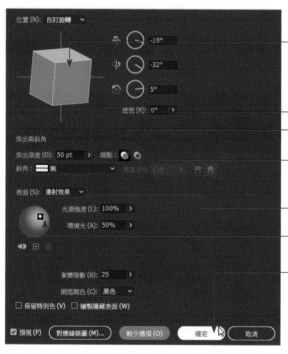

3.以滑鼠拖曳此處，可以
改變圖形的顯示角度

4.由此設定擠出的深度
5.點選此鈕會建立實心的
外觀

若點選此鈕會建立空心
的外觀

6.設定表面效果

7.由此處可以設定光源的
位置

8.設定完成，按此鈕離開

9.完成突出效果的3D物件

8-2-2 以「迴轉」方式建立3D物件

在3D軟體中有一種「Lathe」的建模方式，它的原理是先繪製物件半側曲線的造形，接著利用物件中心為基準將模型旋轉建構出來。Illustrator軟體裡也提供這樣的建構方式，只要以鋼筆工具繪製好路徑，即可利用「效果 / 3D / 迴轉」指令來建構模型。

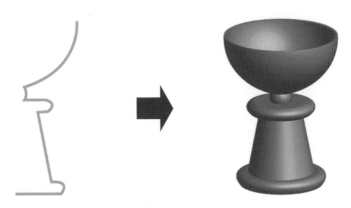

2D路徑經過「迴轉」後變成3D造形

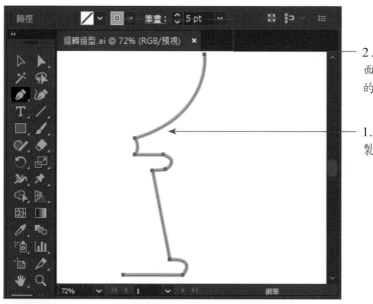

2.由「控制」
面板設定筆畫
的顏色及粗細

1.以鋼筆工具繪
製如圖的路徑

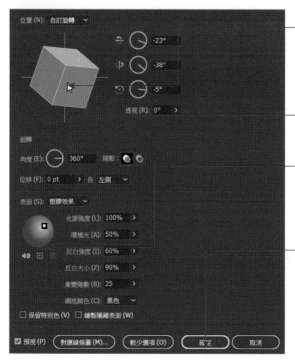

3.執行「效果／3D／迴
轉」指令使進入此視窗，
以滑鼠拖曳可改變圖形的
顯示角度

4.設定迴旋成形的角度（預
設為360度）

5.由此設定光源位置

6.按此鈕確定

CHAPTER

8

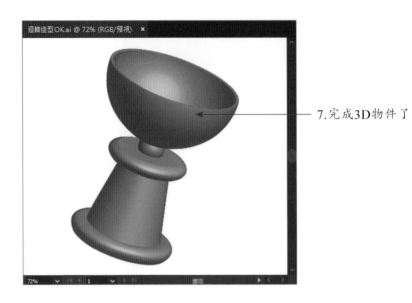

7.完成3D物件了

此外,你也可以繪製一半的封閉造形,只要物件群組後,也可以利用「效果/3D/迴轉」指令來建立3D模型。(請自行參閱「迴轉造形2.ai」與「迴轉造形2OK.ai」)

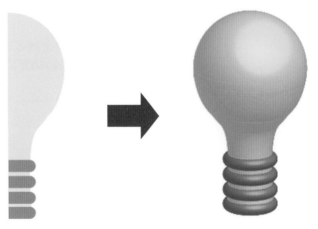

一半的封閉造形經過「迴轉」後變成3D造形

8-2-3 以「旋轉」方式建立3D物件

　　「效果／3D／旋轉」指令是將2D造形物件在3D空間做旋轉，使它可以呈現透視的效果。

1.選取2D物件，執行「效果／3D／旋轉」指令

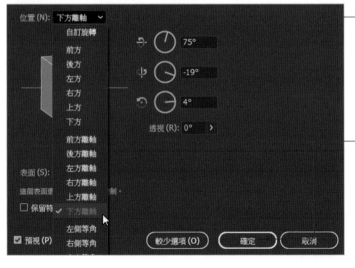

2.由此下拉選擇旋轉位置

3.設定完成按下「確定」鈕離開

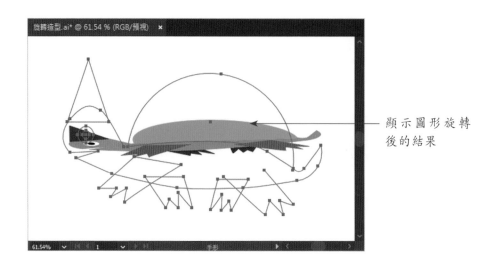

顯示圖形旋轉
後的結果

課後習題

實作題

1. 請運用「圓形圖工具」，將所提供的理財投資分配比例的資料匯入到
   Illustrator中並完成。
   來源檔案：理財投資.txt
   完成檔案：理財投資ok.ai

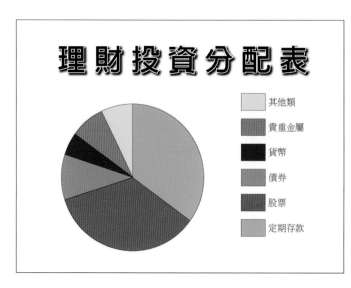

實作提示：

1. 選擇「圓形圖工具」，至文件上拖曳出圖表的區域範圍。

2. 在開啓的視窗中按下「讀入資料」鈕，讀入「理財投資.txt」文字檔，按「調換直欄 / 橫欄」鈕，然後再按「套用」鈕離開視窗。

3. 以「群組選取工具」雙按圖示，依序更換圖例和圖表的顏色。

4. 以「直接選取工具」加按「Shift」鍵選取要更換顏色的文字區域，將文字更換爲灰色調。

5. 以「文字工具」輸入黑色標題字，加入筆畫框線爲「2」，並套用「效果 / SVG濾鏡 / AI_陰影_1」的效果。

2. 請利用「堆疊長條圖工具」完成如下圖的分店業績統計圖。

	台北分店	台中分店	高雄分店
1月份	41000000	31000000	25000000
2月份	63000000	45000000	34000000
3月份	15000000	20000000	16000000
4月份	25000000	20000000	10000000
5月份	52000000	31000000	27000000
6月份	19000000	18000000	20000000

完成檔案：分店業績ok.ai

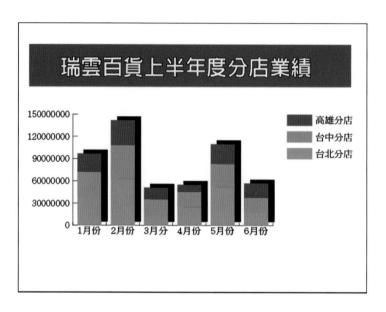

實作提示：

1. 選擇「堆疊長條圖工具」，至文件上拖曳出圖表的區域範圍。

2. 輸入如圖的儲存格資訊，然後離開。

3. 以「群組選取工具」雙按圖示，依序更換圖例和圖表的顏色，並將框線設為「無」。

4. 按滑鼠右鍵選擇「類型」，勾選「增加陰影」的選項。

5. 點選「矩形工具」，繪製一個紅色矩形。

6. 點選「文字工具」，輸入標題文字，設為白色字，黑色框線，筆畫寬度為「1」。

3. 開啟「自訂圖表圖示.ai」檔，請將圖表中的圖例與圖表，更換成所指定的圖案。

　　來源檔案：自訂圖表圖示.ai

　　完成檔案：自訂圖表圖示ok.ai

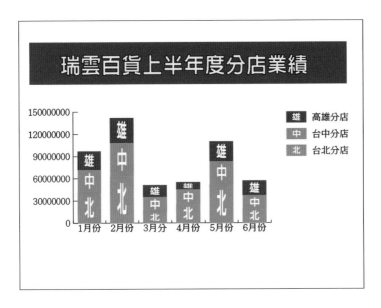

實作提示：

1. 分別點選「北」、「中」、「雄」的圖案，執行「物件／圖表／設計」指令，依序新增設計，並將名稱重新命名為「台北分店」、「台中分店」、「高雄分店」。

2. 以「群組選取工具」分別按滑鼠兩下，使分別點選各圖例，執行「物件／圖表／長條」指令，將長條類型設為「垂直縮放」，不勾選「旋轉圖例設計」，再按「確定」鈕離開即可。

4. 請利用「橢圓形工具」自行繪製如圖的基本造形，再將圖形變更成如圖的3D圖案。

完成檔案：3D突出ok.ai

基本型

實作提示：

1. 以「橢圓形工具」繪製一橢圓形，填入橙色。

2. 加按「Alt」鍵複製圖形，並置於下方。

3. 複製2橢圓形一份，由變形面板中設定旋轉90度後，將圖形排列成十字造形。

4. 再製圖形一份，以「縮小工具」縮小比例後，由變形面板設定旋轉45度。重疊圖形，即可完成基本型的繪製。

5. 全選圖形，以「路徑管理員」面板做「聯集」處理，使變成單一圖形。

6. 執行「執行「效果／3D／突出與斜角」指令，X、Y、Z軸的旋轉角度分別設為「-20、-40、0」，突出深度為「110」，表面為「塑膠效果」，光源強度100，環境光50、反白強度60、反白大小90、漸變階數25。

5. 請利用鋼筆工具繪製如圖的基本線條，運用Illustrator的3D功能，完成球棒的造形設計。

來源檔案：迴轉3D.ai

完成檔案：迴轉3Dok.ai

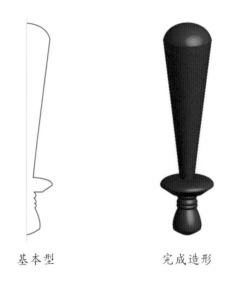

基本型　　　　　　完成造形

實作提示：

以「鋼筆工具」繪製如圖的路徑，然後執行「效果／3D／迴轉」指令。

第九章

一手掌握完美輸出的匠心計

　　當各位利用Illustrator軟體完成圖表或文件設計後，最後的工作就是
輸出成所需的檔案格式或列印出來。因此本章將針對輸出、列印以及網頁
格式等做說明，讓各位可以將辛苦完成的作品完整呈現，或是和其他的軟
體整合運用。

9-1 圖形資料的匯出

　　對於製作完成的圖形，你可以使用「轉存」或「指令集」功能來進行
匯出，這裡先針對者兩個部分來做說明。

9-1-1 轉存圖檔

　　完成的文件執行「檔案／轉存」指令可選擇如下三種轉存方式，各位
可以依照網頁用途或是螢幕用途來選擇，如果還有其他用途則選用「轉存
為」的指令。

搜尋 Adobe Stock...		
置入(L)...	Shift+Ctrl+P	
轉存(E)	>	轉存為螢幕適用... Alt+Ctrl+E
轉存選取範圍...		轉存為...
		儲存為網頁用 (舊版)... Alt+Shift+Ctrl+S
封裝(G)...	Alt+Shift+Ctrl+P	
指令檔(R)	>	

◆ 轉存爲螢幕適用：提供pdf、png、jpg、svg四種格式可以選擇。

◆ 轉存爲：提供dxf、dwg、bmp、css、swf、jpg、pct、psd、png、svg、tga、wmf、txt、emf等格式。

◆ 儲存爲網頁用：提供gif、png、jpg等格式。

　　選擇不同的轉存方式，其顯示的視窗也不盡相同，在此我們以常用的psd格式做示範。psd格式雖然是Photoshop特有的檔案格式，但是各種軟體都支援，可直接將psd檔匯入，非常的方便。

1.開啓文件後，執行「檔案／轉存／轉存爲」指令

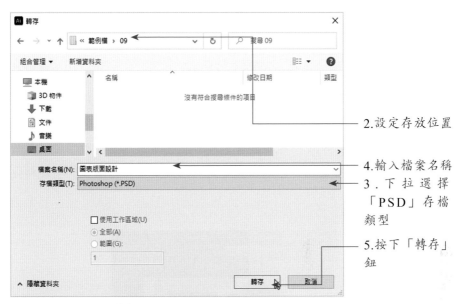

2.設定存放位置

4.輸入檔案名稱

3.下拉選擇「PSD」存檔類型

5.按下「轉存」鈕

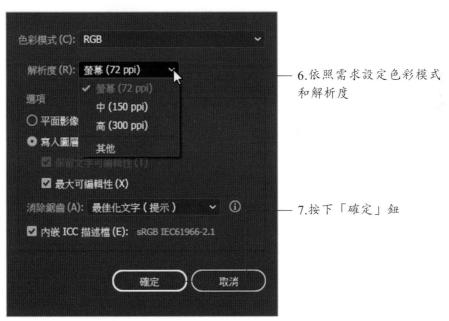

6.依照需求設定色彩模式和解析度

7.按下「確定」鈕

CHAPTER

9

9-1-2 指令集轉存

　　在「檔案」功能表下的「指令檔」中，提供各位將文件儲存成PDF、SVG、Flash等格式。其中PDF（Portable Document Format）格式是目前使用率相當的高的跨平台格式，能保留檔案原有的編排，長期以來被用作交換和瀏覽檔案之用。SVG（Scalable Vector Graphics）則是一種可縮放的向量圖形，由W3C所制定的可延伸標記語言，用於描述二維向量圖形，因此儲存此格式時，它會以網頁檔的方式呈現。此處我們示範轉存PDF格式。

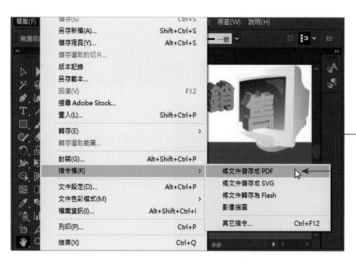

1.開啟要轉存的文件，執行「檔案 / 指令檔 / 將文件儲存成PDF」指令

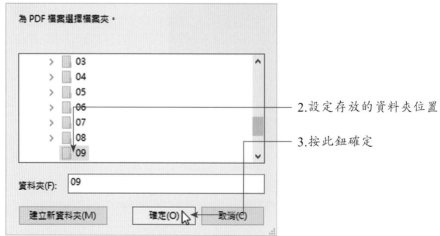

2.設定存放的資料夾位置

3.按此鈕確定

CHAPTER

9

4.顯示文件已轉存完畢，按此鈕離開

9-2 影像切片

　　要設計出一個精美的網頁畫面，通常還是需要像Illustrator等美工軟體來設計版面，完成後再將相關圖檔藉由網頁格式的輸出，才能轉交給網頁編輯程式Dreamweaver來整合。Illustrator軟體本身有提供使用者將文件或插圖輸出成網頁圖檔格式（GIF、JPG、PNG等格式），不過建議各位最好先利用「切片工具」或「物件／切片」功能來對影像進行切割，以利網路的傳輸。這一小節就針對切片的功能做介紹。

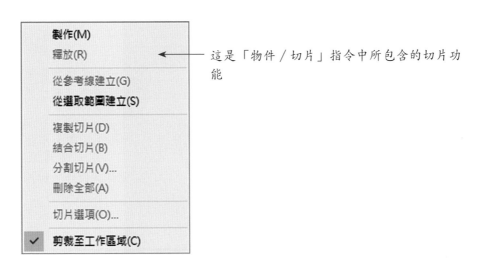

這是「物件／切片」指令中所包含的切片功能

9-2-1 從選取範圍進行切片或分割切片

　　如果各位要輸出的文件是屬於插畫之類的作品，建議可以從選取範圍建立切片，若插畫作品的尺寸較大時，還可以透過「分割切片」的功能，將文件分割成若干欄或若干列。其設定方式說明如下：

1. 以「選取工具」選取文件中的所有物件，然後執行「物件 / 切片 / 從選取範圍建立」指令

2. 軟體將整個文件建立成一個切片

3. 因畫面尺寸較大，請再執行「物件 / 切片 / 分割切片」指令，使進入下圖視窗

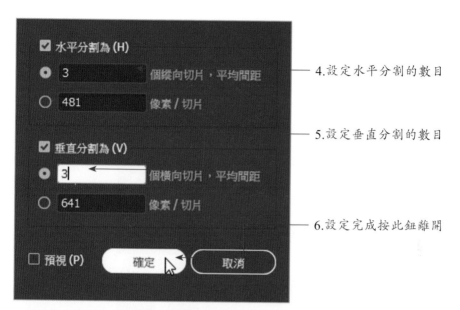

4.設定水平分割的數目

5.設定垂直分割的數目

6.設定完成按此鈕離開

7.賀卡順利切片成相同大小的9塊

9-2-2 從參考線建立切片

除了上述的快速分割方式，也可以透過自訂的參考線位置來進行文件的分割。

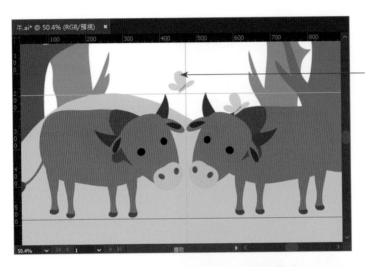

1.從水平尺標和垂直尺標中分別拉出參考線的位置，然後執行「物件 / 切片 / 從參考線建立」指令

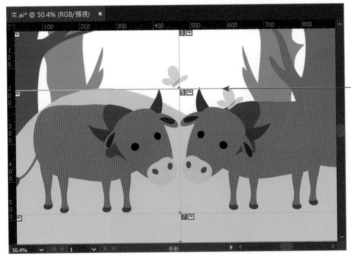

2.依照參考線位置建立切片了

9-2-3 以物件製作切片

　　「物件 / 切片 / 製作」指令可以針對選取的單個物件或多個物件進行切片的製作。不過選取的物件越多，形成的切片也會較多。

1. 以「選取工具」選取中間的插圖，執行「物件／切片／製作」指令

2. 切割功能將以該插圖為主，將文件切割成五個切片

9-2-4 以「切片工具」切割頁面

工具面板中的「切片工具」 ✐ 可以讓各位以手動方式自行決定切片的位置。使用時只要用滑鼠拖曳出要建立切片的區域範圍，放開滑鼠後即可產生切片。

2.由此按下滑鼠

1.點選「切片工具」

3.拖曳到此，
　放開滑鼠

4.切割後變成
　兩個切片

5.依序切割，
　即可完成期望
　的切片數

9-2-5 靈活運用切割功能

除了運用上述的切割方式外,「物件 / 切片」指令中也提供分割切片、結合切片的功能,各位都可以靈活運用。現在我們就以下面的頁面做示範,讓各位了解如何分割切片或結合切片。

1. 開啓「網頁.ai」文件
2. 顯示尺標後,拖曳出如圖的水平和垂直參考線
3. 執行「物件 / 切片 / 從參考線建立」指令,使切割網頁成四塊

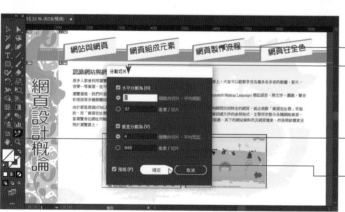

5. 在文件上按一下右側上方的切片
6. 執行「物件 / 切片 / 分割切片」指令,使顯示此視窗
4. 點選「切片選取範圍工具」
7. 設定水平分割爲1,垂直分割爲4,按下「確定」鈕

8.此區域已分割
成四塊

9.再以「切片選
取範圍工具」
點選左側的上
下兩個區塊，
執行「物件／
切片／結合切
片」指令

10.左側的切片
已合併成一個
切片了

9-2-6 儲存選取的切片

　　不管各位使用哪種切片方式，影像切片後只要使用「切片選取範圍
工具」 📥 點選後，即可利用「檔案／儲存選取的切片」指令來儲存該切
片。它會自動建立一個「影像」資料夾，提供使用者放置所有輸出的切
片。

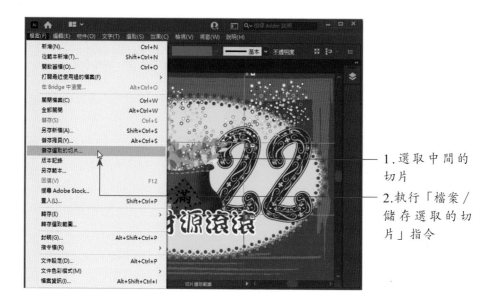

1.選取中間的
切片

2.執行「檔案／
儲存選取的切
片」指令

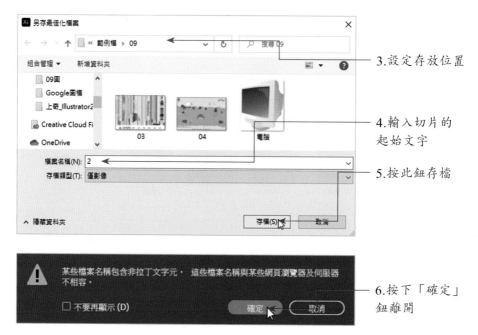

3.設定存放位置

4.輸入切片的
起始文字

5.按此鈕存檔

6.按下「確定」
鈕離開

　　稍候一下，各位就可以在設定的存放位置中看到「影像」資料夾，而圖檔也會以所設定的起始文字+兩位數字依序排列。

CHAPTER

9

9-2-7 輸出去背的圖形

如果設計的圖形要做去背景的處理，可執行「檔案 / 轉存 / 轉存為」指令，再選用「PNG」的檔案格式即可。

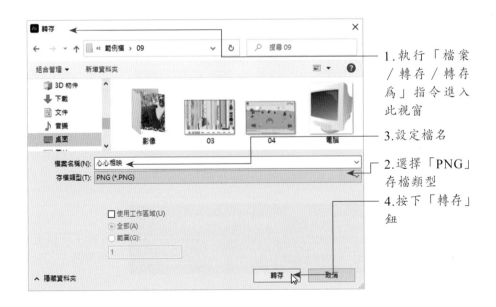

1. 執行「檔案 / 轉存 / 轉存為」指令進入此視窗

3. 設定檔名

2. 選擇「PNG」存檔類型

4. 按下「轉存」鈕

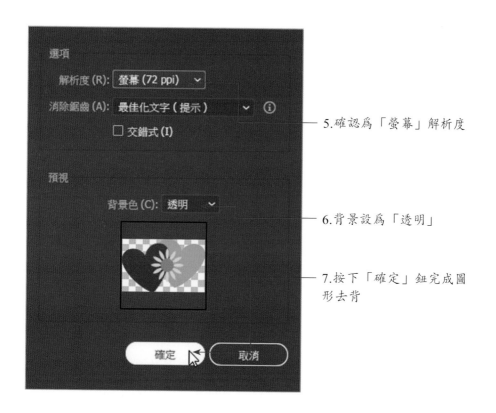

— 5.確認為「螢幕」解析度

— 6.背景設為「透明」

— 7.按下「確定」鈕完成圖
　形去背

CHAPTER

9

9-3 列印圖檔

好不容易完成的作品，如果需要列印出來，可以利用「檔案 / 列印」指令來處理。這一小節我們針對「列印」工作跟大家做說明。

9-3-1 轉換文件色彩模式

假如剛開始設定文件時，各位是選用RGB的色彩模式，那麼要列印前可以先執行「檔案 / 文件色彩模式 / CMYK色彩」指令，以便了解RGB轉換成CMYK色彩後的效果是否差異過大。

執行此指令可
轉換文件的色
彩模式

9-3-2 轉換文件設定

如果原先設計並不是爲了列印用途，而因需要必須做列印輸出，這時
也可以透過「檔案 / 文件設定」指令，爲印刷時所需要的「出血」部分做
調整，同時調整文件的背景部分至出血區。

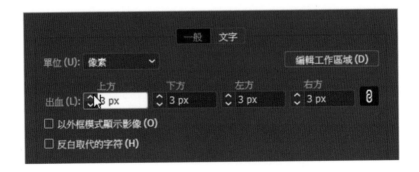

CHAPTER

9

9-3-3 文件列印

決定列印時執行「檔案／列印」指令，將會進入如下的視窗後，可針對一般、標記與出血、輸出、圖形、色彩管理、進階、摘要等各方面做設定。

✓ 一般：設定列印份數、工作區域、文件方向、縮放比例。

✓ 標記與出血：設定印表機的標記，包括剪裁、對齊、色彩導表、頁面資訊等標記。

✓ 輸出：設定輸出的膜面及油墨選項。

✓ 圖形：設定路徑的平滑度。

✓ 色彩管理：設定有關色彩方面的列印方式。

✓ 進階：是否列印成點陣圖，以及疊印方式。

✓ 摘要：顯示設定的內容，並對文件的缺失提出警告。

一般使用者列印色稿時，只要針對「一般」、「標記與出血」、「摘要」等方面做設定或了解，其餘的則交由印刷廠的相關人員去處理。

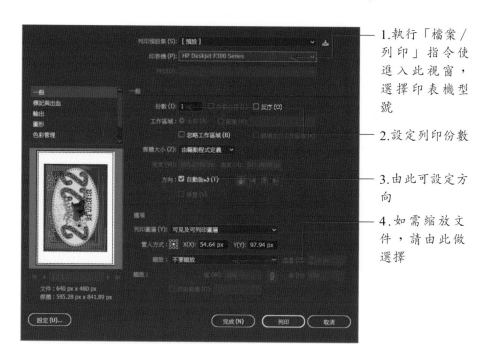

1.執行「檔案／列印」指令使進入此視窗，選擇印表機型號

2.設定列印份數

3.由此可設定方向

4.如需縮放文件，請由此做選擇

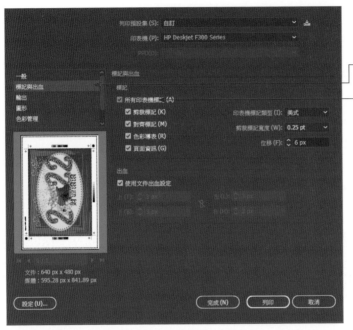

5.切換到「標記
　與出血」

6.勾選此項會顯
　示所有的標記
　符號

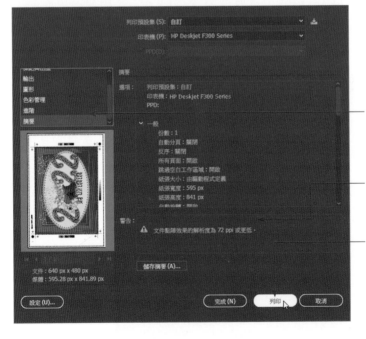

7.切換到「摘
　要」

8.列印者可針對
　警告的部分來
　對文件做調整

9.按下「列印」
　鈕即可列印出
　文件

9-4 檔案封裝

　　「檔案 / 封裝」指令是將文件中所連結的圖檔或使用中的字體等，一併封裝在一個資料夾中，方便設計者將檔案轉交給印刷廠商做輸出處理，以避免因一時疏忽而遺漏檔案，造成印刷時間的延遲。執行「檔案 / 封裝」指令將會看到如下的視窗：

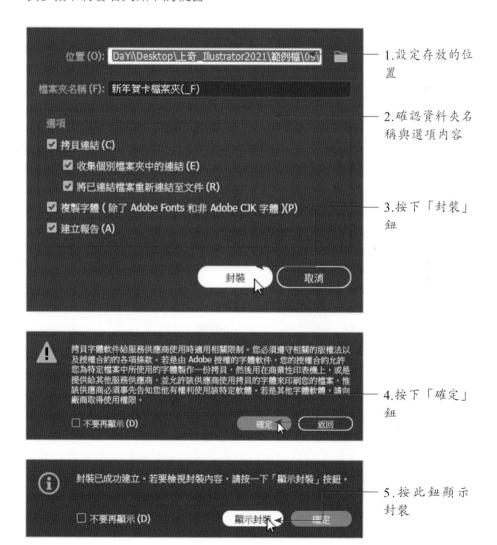

位置 (O)：DaYi\Desktop\上奇_Illustrator2021\範例檔\09 ── 1.設定存放的位置

檔案夾名稱 (F)：新年賀卡檔案夾(_F)

選項
☑ 拷貝連結 (C) ── 2.確認資料夾名稱與選項內容
　☑ 收集個別檔案夾中的連結 (E)
　☑ 將已連結檔案重新連結至文件 (R)
☑ 複製字體 (除了 Adobe Fonts 和非 Adobe CJK 字體)(P) ── 3.按下「封裝」鈕
☑ 建立報告 (A)

封裝　　取消

⚠ 拷貝字體軟件給服務供應商使用時適用相關限制。您必須遵守相關的版權法以及授權合約的各項條款。若是由 Adobe 授權的字體軟件，您的授權合約允許您為特定檔案中所使用的字體製作一份拷貝，然後用在商業性印表機上，或是提供給其他服務供應商，並允許該供應商使用拷貝的字體來印刷您的檔案。若是其他字體軟體，請向廠商取得使用權限。 ── 4.按下「確定」鈕

☐ 不要再顯示 (D)　　確定　　返回

ⓘ 封裝已成功建立。若要檢視封裝內容，請按一下「顯示封裝」按鈕。 ── 5.按此鈕顯示封裝

☐ 不要再顯示 (D)　　顯示封裝　　確定

CHAPTER

9

6.封裝內容包
含字體、連結
檔等相關檔案

課後習題

實作題

1.請將「分店業績.ai」的圖表版面，轉存成CMYK的模式輸出。

來源檔案：分店業績.ai

完成檔案：分店業績.tif

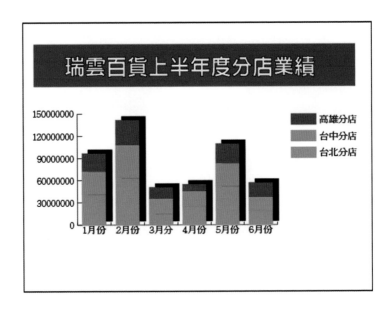

實作提示：

開啟檔案後，執行「檔案／轉存／轉存為」指令，存檔類型下拉選擇
「TIFF」，在顯示的視窗中將色彩模式設為「CMYK」，解析度為
「高（300 ppi）」。

2. 延續上題的內容，請將檔案轉存為跨平台的PDF格式。

完成檔案：分店業績.pdf

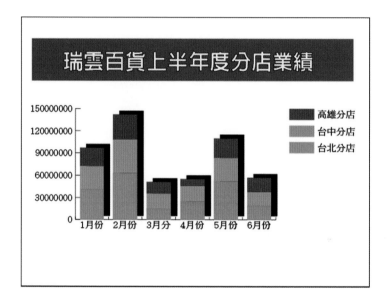

實作提示：

開啟檔案後，執行「檔案／指令檔／將文件儲存成PDF」指令，設定
存放的資料夾位置，按下「確定」鈕離開即可完成。

3. 開啟先前完成的「吉祥如意藝術字.ai」圖檔，請將它轉存成Photoshop
可以讀取的psd格式，並將解析度設為「72」，保留圖層。

CHAPTER

9

實作提示：

開啟檔案後，執行「檔案／轉存／轉存為」指令，存檔類型下拉選擇
「psd」，在開啟的視窗中將「色彩模式」設為「RGB」，解析度「螢
幕（72 ppi）」，點選「寫入圖層」的選項，按「確定」鈕離開。

4. 請將先前繪製的「都市.ai」插圖，變更成「CMYK」的模式，並利用
列表機將它列印出來。

來源檔案：都市.ai

實作提示：

1. 開啓檔案後，先執行「檔案／文件色彩模式／CMYK色彩」指令，使轉爲「CMYK」模式。

2. 執行「檔案／列印」指令後，按「列印」鈕即可列印文件。

CHAPTER

9

第十章

繪圖物件的手作處理

在Illustrator裡，將圖形檔置入文件中是設計編排時經常會用的功能技巧，但是點陣圖如何製作才能運用到Illustrator文件中？或是去背景的圖案如何處理，才能順利置入到Illustrator裡？在此我們將以Photoshop做說明，讓各位能夠輕鬆在Illustrator裡整合圖片或圖案。

10-1 點陣圖模式的圖片處理

「點陣圖」模式是插圖中只有黑與白的顏色。當圖片儲存為「點陣圖」模式後，可以在Illustrator中直接更換顏色，透過堆疊的方式，也可以產生不錯的效果喔！這裡先來看看圖形如何在Photoshop中做轉存。

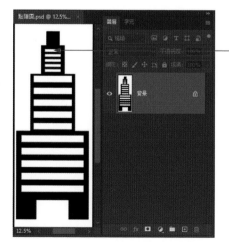

1.在Photoshop中繪製如圖的黑白圖案，執行「影像／模式／灰階」指令進入下圖視窗

2.按下「放棄」鈕

4.按此鈕確定

3.執行「影像／模式／點陣圖」指令進入此視窗，設定輸出值為「1200」，數值越高，線條越平順，方法選擇「50%臨界值」

5.執行「檔案／另存新檔」指令，並選擇「儲存在您的電腦」，使進入此視窗

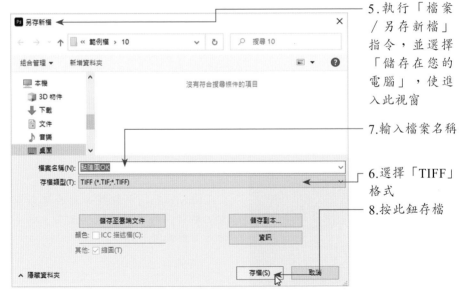

7.輸入檔案名稱

6.選擇「TIFF」格式

8.按此鈕存檔

10.按下「確定」
鈕

9.選擇「無」

圖形儲存後，現在準備在Illustrator中置入圖形。

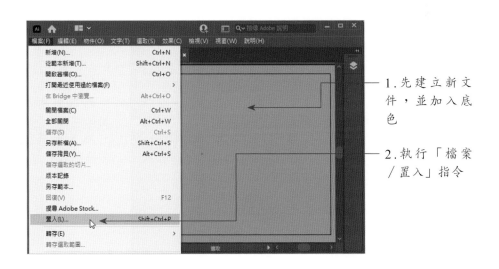

1.先建立新文
件，並加入底
色

2.執行「檔案
/置入」指令

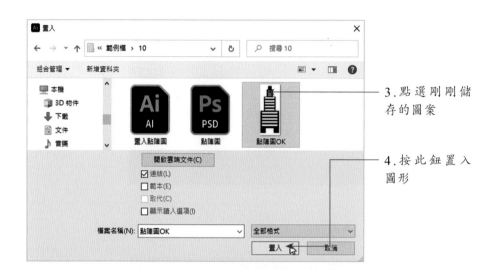

3.點選剛剛儲存的圖案

4.按此鈕置入圖形

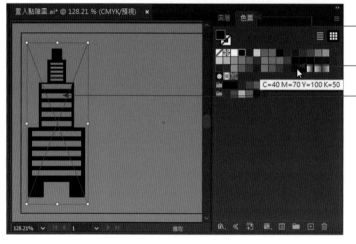

6.開啟「色票」面板

7.點選想要套用的色彩

5.拖曳出期望的圖形大小

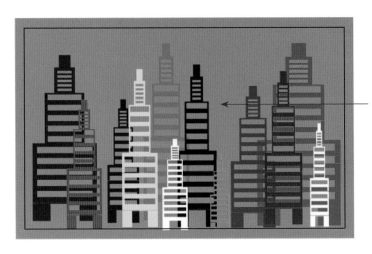

8. 同上方式即
可將圖形、縮
放、變色，而
形成色彩繽紛
的城市效果

10-2 以路徑工具為圖形去除背景

在印刷排版上，美編人員經常會利用Photoshop的「路徑」面板來將
圖片做去背處理，然後置入到編輯的文件中做圖文編排。由於要應用在印
刷排版上，通常也會順便做CMYK模式的轉換。這裡就以「girl.jpg」圖
檔做說明，告訴各位如何在Photoshop中以路徑方式做剪裁。

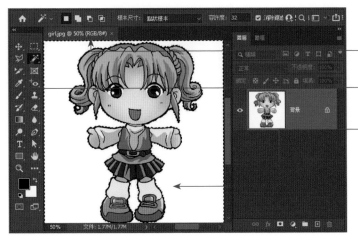

1. 開啟「girl.jpg」
圖檔

2. 點選「魔術棒」
工具

3. 將白色背景圈
選起來

CHAPTER

10

4.執行「選取／
　修改／擴張」
　指令

5.依照畫面的大小選擇適合的擴張
　值，按「確定」鈕離開，使選取區內
　縮到黑線以內

6.執行「選取／
　反轉」指令，
　使改選圖形部
　分

7.開啟「路徑」
　面板，按此鈕
　將選取範圍建
　立成工作路徑

CHAPTER

10

8. 按此鈕，下拉選擇「儲存路徑」指令

9. 直接按「確定」鈕離開

10. 按此鈕，下拉選擇「剪裁路徑」指令

11. 輸入「0.2」的數值，按此鈕確定

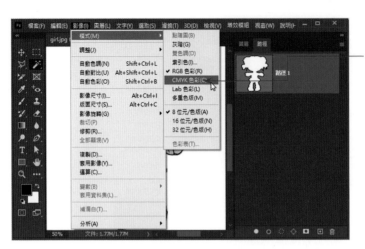

12.執行「影像 /
模式 / CMYK色
彩」指令，出現
警告視窗時按下
「確定」鈕離開

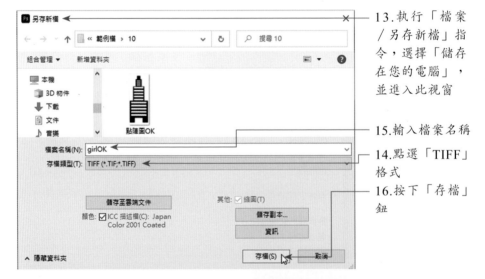

13.執行「檔案
/ 另存新檔」指
令，選擇「儲存
在您的電腦」，
並進入此視窗

15.輸入檔案名稱

14.點選「TIFF」
格式

16.按下「存檔」
鈕

17.點選「無」，
按下「確定」鈕
離開

CHAPTER

10

　完成之後，接著進入Illustrator軟體執行「檔案／置入」指令，就可以完美的與背景結合在一起了。

10-3 置入PSD透明圖層

　　Illustrator現在也可以將PSD格式的透明圖層直接置入，而且要編輯PSD原稿也相當地便利喔！這裡就以「girl.jpg」圖檔來告訴各位使用的技巧。

CHAPTER

10

1.開啟「girl.jpg」圖檔

2.同前面方式，以「魔術棒」工具選取背景，擴張選取區2像素後，反轉選取區，使改選造形

3.執行「圖層／新增／拷貝的圖層」指令，使選取區複製成獨立的圖層

5.執行「檔案／另存新檔」指令

4.按此鈕，使關閉背景圖層

7.輸入檔案名稱

6.點選PSD格式

8.按此鈕存檔

9.按「確定」鈕離開

完成之後，接著進入Illustrator軟體執行「檔案 / 置入」指令，就可以完美的與背景結合在一起了。

　　由於圖檔置入後會在「連結」面板上顯示出來，因此點選該檔案後，按下「編輯原稿」鈕，它就會立即將PSD檔開啓於Photoshop程式中。

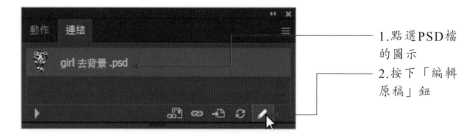

1.點選PSD檔的圖示

2.按下「編輯原稿」鈕

3.自動啓動Photoshop程式，檔案顯示在其中

第十一章

圖說 LOGO 亮點設計

現今世代到處可看到標誌的蹤跡，LOGO代表一家品牌的精神或象徵，好的設計除了能完全呈現企業特色外，也能讓消費者印象深刻。例如味全公司的標誌是五個圓圈，代表五味俱全，簡單好記又好看；又如高雄市政府的標誌則是以彩帶舞出「高」字，活潑生動又具生命氣息，都是很不錯的LOGO設計。

LOGO設計就是要簡單、清晰有力，而且要利於辨識、易於記憶，掌握這些原則再利用繪圖軟體進行。而設計標誌又以使用向量軟體最為設計師們所接受，因為向量圖是透過數學公式的運算來構成圖形的點、線、面，圖形或線條的呈現都是利用數學公式描繪出來的，所以不會有失真的情形，也就是圖形或線條放再大，畫面仍然維持平滑而精緻的效果，不會有鋸齒狀出現。再加上向量軟體都有提供幾何造形工具以及圖形運算功能，透過基本形的合併、修剪、聯集、交集、差集等設定，就能完美呈現造形。利用軟體所提供的這些技巧來設計LOGO是最好不過的了。

前面章節已經學過很多的造形設計技巧，接著請各位實際演練一下，請針對如下的造形作思考，如果是你，會運用哪些功能來完成它？動

動腦筋並試著利用工具來做做看。

各位做出來了嗎？如果還有問題，不要忘記回去複習一下工具。這裡我們帶著各位實際演練一次。

11-1 建立文件尺寸

首先執行「檔案 / 新增」指令，在「新增文件」視窗中點選「線條圖和插圖」的類別，預設集詳細資料設為「標誌繪製」，寬度設為640像素，高度為480像素，工作畫板為「1」，按下「建立」鈕建立文件。

11-2 繪製大人人形

　　建立空白文件後，接著分別利用「橢圓形工具」和「圓角矩形工具」來繪製大人的頭部和身體部位。

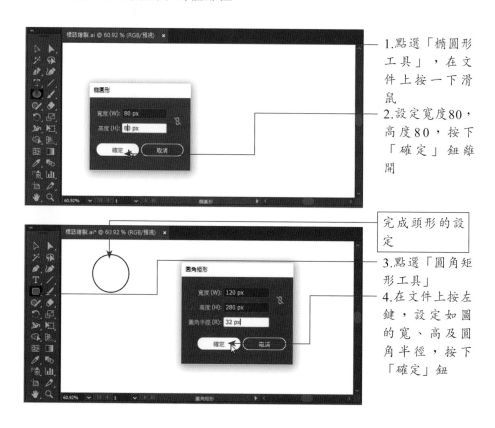

1. 點選「橢圓形工具」，在文件上按一下滑鼠
2. 設定寬度80，高度80，按下「確定」鈕離開

完成頭形的設定

3. 點選「圓角矩形工具」
4. 在文件上按左鍵，設定如圖的寬、高及圓角半徑，按下「確定」鈕

CHAPTER

11

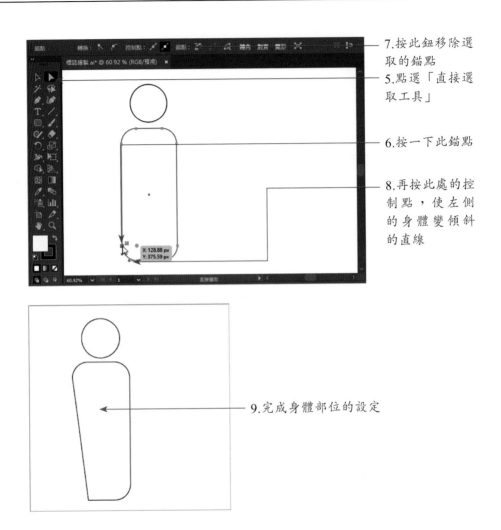

7.按此鈕移除選
取的錨點

5.點選「直接選
取工具」

6.按一下此錨點

8.再按此處的控
制點，使左側
的身體變傾斜
的直線

9.完成身體部位的設定

　　在手的部分，我們將利用「路徑管理員」面板的形狀模式來進行處
理，同時使用「剪刀工具」來切割手的部分，並完成人形的填色。

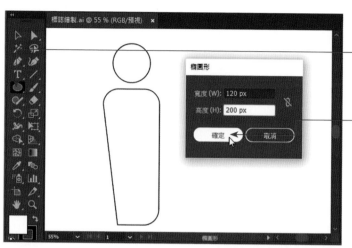

1.點選「橢圓形工具」，在文件上按一下

2.設定如圖的橢圓形，按下「確定」鈕離開

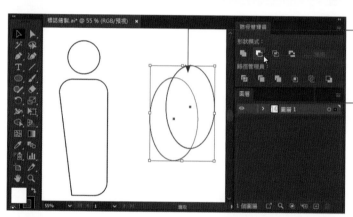

3.複製並貼上橢圓形，將貼入的橢圓形放在右上方

4.選取二橢圓，按下此鈕使減去上層

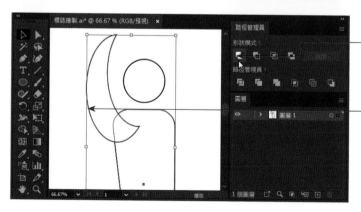

6.按此鈕使圖形做聯集模式

5.將運算後的手臂圖形移到如圖位置，然後選取二圖形

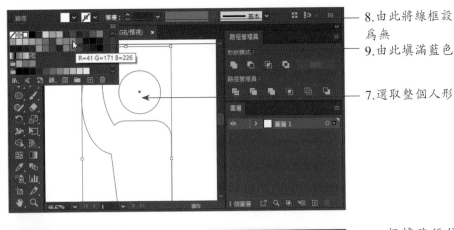

8.由此將線框設
　為無

9.由此填滿藍色

7.選取整個人形

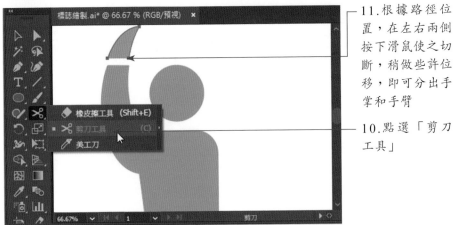

11.根據路徑位
置，在左右兩側
按下滑鼠使之切
斷，稍做些許位
移，即可分出手
掌和手臂

10.點選「剪刀
工具」

11-3 小孩人形處理

　　主要人形完成後，接下來只要縮小、鏡射，並做分割處理，即可完成
整個造形的製作。

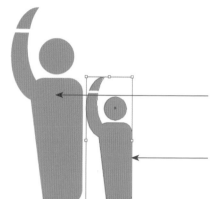

1.選取大人人形，執行複製與貼上指令

2.將複製物做縮小

3.按右鍵小孩人形，執行「變形 / 鏡射」指令使進入此視窗，選擇「垂直」選項

4.按下「確定」鈕離開

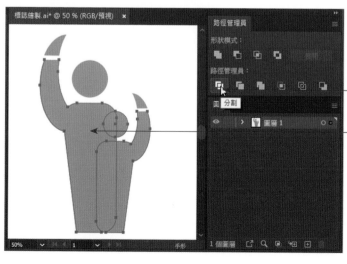

6.按下「切割」鈕切割造形

5.將小孩人形移到如圖的位置上，加按「Shift」鍵並點選大人的身形

7.點選「直接選取工具」

8.將重疊部分的圖形按「Delete」鍵刪除，即可完成造形的設計

　　很簡單吧！多多運用基本形的合併、修剪、聯集、交集、差集等設定，LOGO設計製作不求人！

第十二章

呆萌公仔繪製與上彩

在這個範例中，我們將置入一張公仔玩偶的圖片作為依據，利用「鋼筆工具」來繪製玩偶的輪廓線，接著加入流線型的線條筆觸，再依序運用「填色工具」、「建立漸層網格」和「網格工具」等功能來為玩偶填上單色或漸層效果。其顯現的效果如下：

可愛玩偶_輪廓線.ai

可愛玩偶.ai

可愛玩偶_漸層網格.ai

12-1 建立文件

首先我們要建立所需的文件尺寸，並將所要參考的插圖匯入進來，依照參考圖片來描繪造形，那麼玩偶的造形較不會「走鐘」變了形。

12-1-1 設定文件尺寸

請利用「檔案／新增」功能，選用「線條圖和插圖」的類別，建立一張爲寬度爲640像素，高度爲480像素的文件。

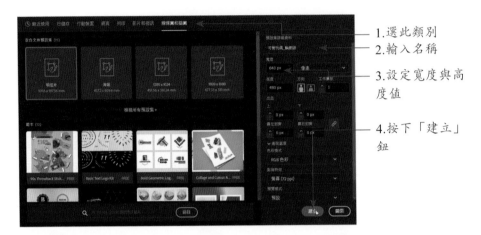

1.選此類別
2.輸入名稱
3.設定寬度與高度值
4.按下「建立」鈕

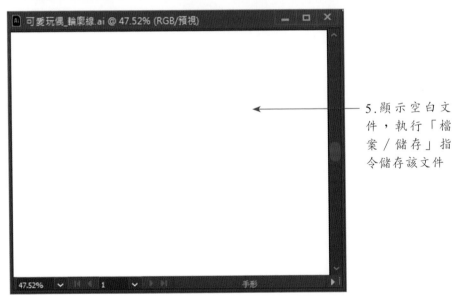

5.顯示空白文件，執行「檔案／儲存」指令儲存該文件

12-1-2 匯入參考圖樣

空白文件建立後，接著就是將參考的插圖匯入進來。

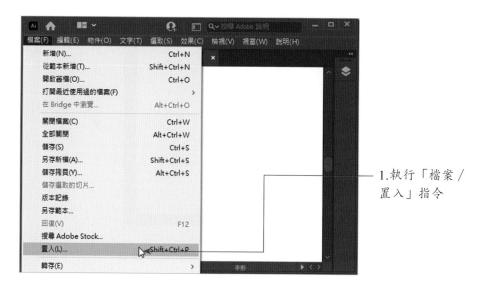

1.執行「檔案 / 置入」指令

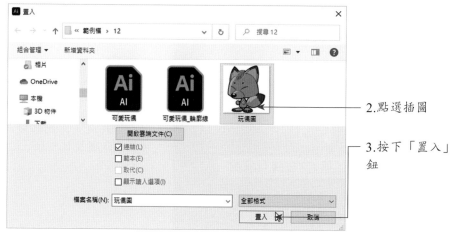

2.點選插圖

3.按下「置入」鈕

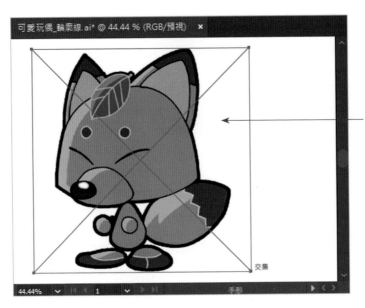

4.以滑鼠拖曳出要放置的大小，按「En-ter」鍵確定位置

參考圖匯入進來後，為了繪圖的方便，可利用「圖層」面板將連結檔案鎖住，就不怕待會在繪製過程中，因不小心而動到參考圖的位置了！

按一下此處，出現此圖示就表示該圖層被鎖住

CHAPTER

12

12-2 繪製輪廓線條

使用繪圖軟體來繪製輪廓線條並不難，但是多數人會覺得軟體所繪出來的線條比較死板生硬，因為粗細一樣，不像手繪線條那麼地生動有活力。這裡我們除了告訴各位繪製的技巧外，也會同時告知如何讓線條有變化。

12-2-1 使用工具繪製輪廓線

在繪製輪廓線條時，主要是利用「橢圓形工具」、「多邊形工具」，以及「鋼筆工具」來繪製，再透過「直接選取工具」來調整錨點和控制桿的位置。為了繪製的方便，不妨先將填色設定為「無」，這樣可以較容易查看輪廓線的位置是否與參考圖樣的位置一樣。

原則上先以後方的造形先繪製，例如耳朵、尾巴等先繪製，再依序繪製頭、眉毛、瞇瞇眼、鼻頭、鼻尖等。在工具的選擇方面，盡量先以幾何工具為優先考量：以耳朵、鼻頭、身體為例，你可以想像它是由三角形所構成，所以繪製輪廓線時可以使用「多邊形工具」來處理。其他像是尾巴、眉毛、鼻尖、手等皆可以使用橢圓形工具來處理即可。

把握以上幾個要點，你就可以很輕鬆的繪製輪廓線條了。此處我們以耳朵作為示範。

1.點選「多邊形工具」

2.在文件上按一下使出現「多邊形」視窗

3.設定邊數為「3」，按下「確定」鈕離開

CHAPTER

12

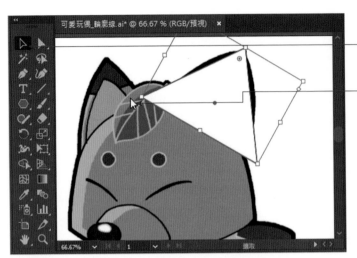

4.點選「選取工具」

5.旋轉三角形角度，並調整三角形大小

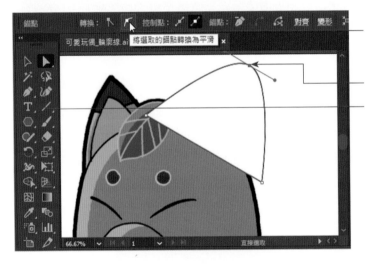

8.按此鈕，將錨點兩側的線條變平滑

7.點選此錨點

6.點選「直接選取工具」

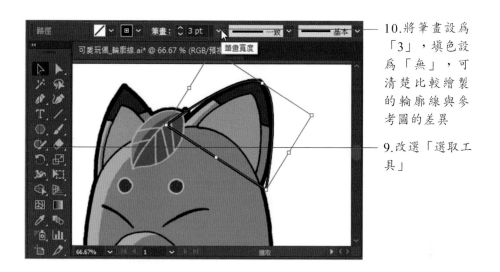

10.將筆畫設爲
「3」，填色設
爲「無」，可
清楚比較繪製
的輪廓線與參
考圖的差異

9.改選「選取工具」

依此方式，把玩偶的各部位畫出，最後關閉「圖層」面板上的眼睛，就可以看到所有的輪廓線條。

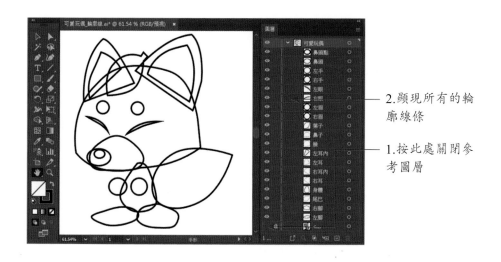

2.顯現所有的輪廓線條

1.按此處關閉參考圖層

12-2-2 使用「變數寬度描述檔」

剛剛完成了玩偶的輪廓線，看起來的確比較生硬些，現在我們要利用

「控制」面板來做調整，使筆畫的寬度產生變化。請利用「選取工具」選
取所有的輪廓線，再由「變數寬度描述檔」進行變更。

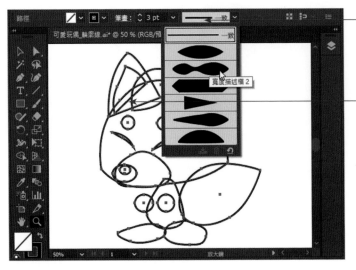

2. 由此下拉選擇
   「寬度描述檔
   2」

1. 以「選取工
   具」選取所有
   輪廓線條

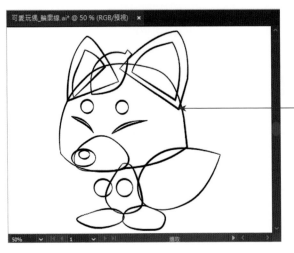

3. 顯現生動的筆觸了

12-3 玩偶上彩

　　玩偶的輪廓線條完成後，接下來就可以進行上色處理。你可以選擇「單色」填色，也可以使用「漸層網格」功能來填入漸層色彩。

12-3-1 單色上彩

　　要對玩偶上彩，只要以「選取工具」選定範圍，再由「控制」面板上選擇顏色即可。此處我們全選所有線條先填入主要的橙色，再針對不同色彩的部分進行變更，如此可加快上彩的速度。

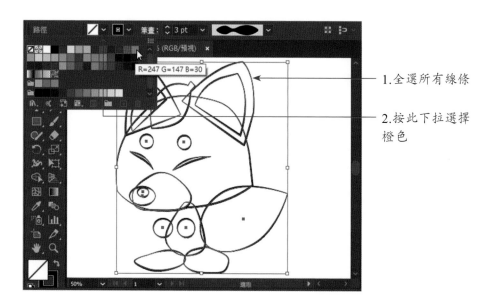

1.全選所有線條

2.按此下拉選擇橙色

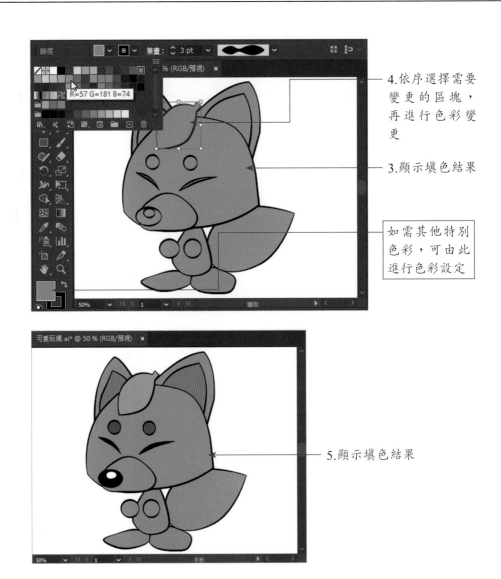

R=57 G=181 B=74

4.依序選擇需要
變更的區塊，
再進行色彩變
更

3.顯示填色結果

如需其他特別
色彩，可由此
進行色彩設定

5.顯示填色結果

12-3-2 建立漸層網格

　　接下來我們利用「物件 / 建立漸層網格」指令來快速為玩偶做漸層填
色（除了眼睛與尾巴除外）。

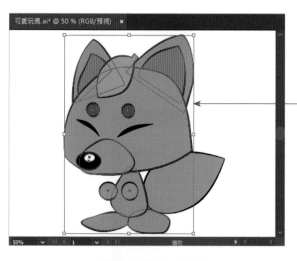

1. 選取所有造形（眼睛與尾巴除外），然後執行「物件／建立漸層網格」指令

2. 設定網格的欄列數

3. 外觀選擇「至中央」

4. 反白設為「80%」

5. 按下「確定」鈕

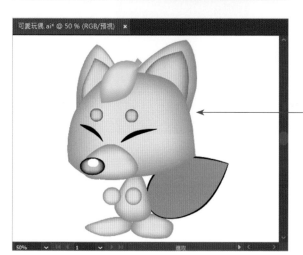

6. 兩三下就快速完成身體的漸層填色

CHAPTER

12

12-3-3 以「網格工具」建立網格漸層

　　剛剛的漸層填色，主要是由單一的色彩漸層到白色，在尾巴部分我們將加入較多的色彩，因此我們以「網格工具」來做漸層變化。

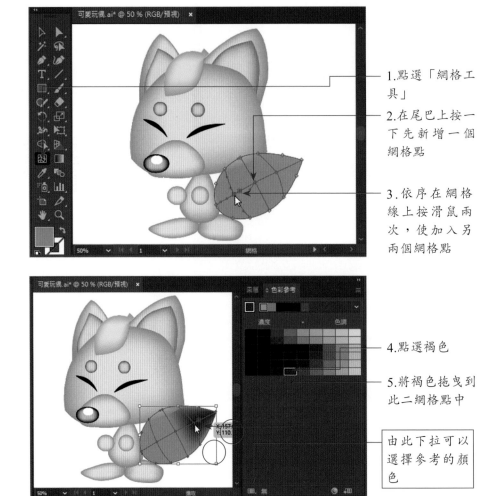

1.點選「網格工具」

2.在尾巴上按一下先新增一個網格點

3.依序在網格線上按滑鼠兩次，使加入另兩個網格點

4.點選褐色

5.將褐色拖曳到此二網格點中

由此下拉可以選擇參考的顏色

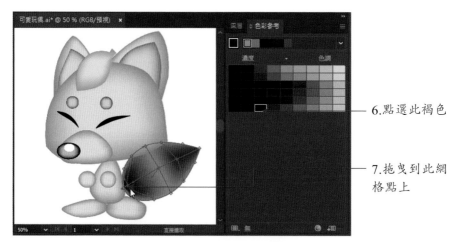

6.點選此褐色

7.拖曳到此網
格點上

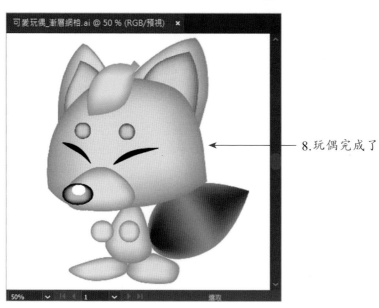

8.玩偶完成了

第十三章

速學客製化商用名片

　　名片設計是公司行號或個人的表徵，對於不認識的人，藉由名片上的資訊就可以概略了解他的特點，而好的名片設計也可以給對方更深刻的印象。這裡我們以公司行號為主題，利用Illustrator來設計一個正反兩頁的名片。由於公司名稱有「雲」字，而且服務項目也包含雲端服務，因此這裡就以天空和雲朵作為發想，用色部分當然也偏向藍色調。而重要的資訊諸如：公司名稱、姓名、聯絡資訊或頭銜等也不可以省略，另外可根據公司的營業項目做說明，如此一來當對方有這方面的需求，就會主動和你聯絡。

CHAPTER

13

13-1 新增兩頁式文件

　　首先利用「檔案 / 新增」指令新增兩個工作區，而一般名片尺寸為9公分×5.5公分，由於要印刷用，所以要選擇「列印」類別，另外還要設定出血的部分，以便裁切後能顯現完美無缺的畫面。

1.執行「檔案 / 新增」指令進入此視窗，選擇「列印」類別

2.輸入預設集名稱

3.設定選項如圖

4.按「建立」鈕建立文件

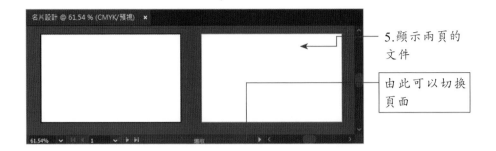

5.顯示兩頁的
文件

由此可以切換
頁面

　　文件確定後，如果要選擇編輯的頁面，可在文件左下方的箭頭鈕 [1 ▼] 做切換，另外也可以執行「視窗／工作區域」指令開啓如下的面板做切換。

　　名片尺寸建立後，記得執行「檔案／儲存」指令先儲存文件，免得檔案不小心關閉而化為烏有。

13-2 置入背景圖片

　　設定完名片的尺寸後，現在可以將天空的背景圖案置入進來。

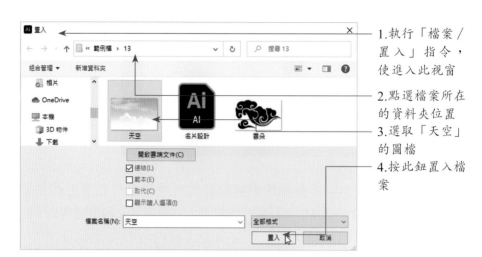

1.執行「檔案／置入」指令，使進入此視窗

2.點選檔案所在的資料夾位置

3.選取「天空」的圖檔

4.按此鈕置入檔案

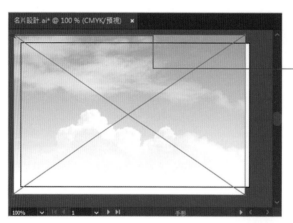

5.由左上角的出血線位置開始拖曳，使之覆蓋上下的出血線

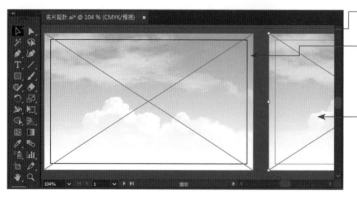

6.點選「選取工具」

7.調整右邊界的位置，使之覆蓋整個工作區域

8.加按「Alt」鍵並拖曳天空圖片，即可複製一份，將複製物放置在工作區域2

13-3 以「矩形工具」加入漸層與色塊

　　由於天空的顏色較淡，爲了讓名片可以較鮮明亮眼，這裡要利用藍色漸層到透明的色塊，以便背景圖中的雲朵也能透露出來。而名片背面會加入一個藍色的矩形色塊，以作爲公司名稱與服務項目的區隔。

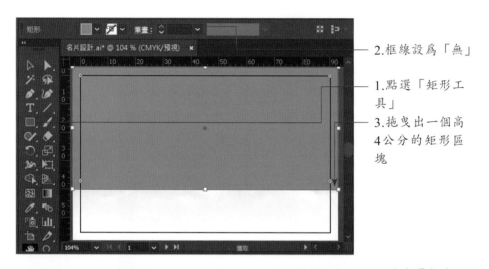

2.框線設爲「無」

1.點選「矩形工具」

3.拖曳出一個高4公分的矩形區塊

5.開啓「漸層」面板

6.選擇「線性」

8.設定角度爲「-90」

7.下拉選擇「褪色天空」

4.點選「漸層工具」

CHAPTER

13

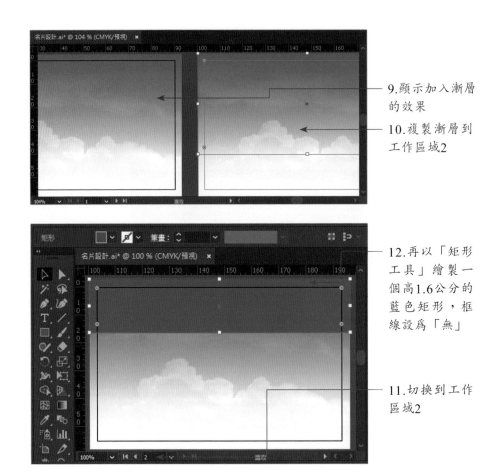

9.顯示加入漸層
的效果

10.複製漸層到
工作區域2

12.再以「矩形
工具」繪製一
個高1.6公分的
藍色矩形,框
線設為「無」

11.切換到工作
區域2

13-4 以「文字工具」編排文字內容

名片的色調大致底定後,接著利用「文字工具」將所有的資訊內容先
編排一下,屆時如有需要插圖的地方再做加強就可以了。

正面——公司名稱

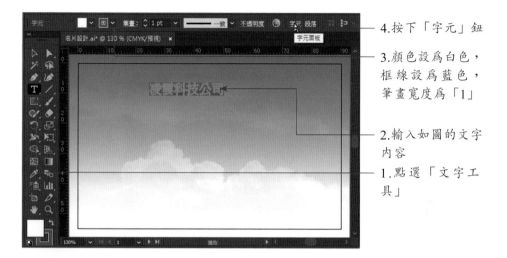

4.按下「字元」鈕

3.顏色設為白色，
框線設為藍色，
筆畫寬度為「1」

2.輸入如圖的文字
內容

1.點選「文字工
具」

5.設定字元格式如圖

正面——人名

2.字元格式設定
如圖

1.輸入人名

正面——電話與職稱

字體：微軟正
黑體，字體大
小：8 pt，字
元的字距微
調：50

字體：Arial，
字體大小：12
pt，字元的字
距微調：50

正面 — 聯絡資訊

2.字元格式設定
如圖

1.輸入公司的聯
絡資訊

背面 — 公司英文名稱

3.由此設定字元
格式

2.輸入英文的公
司名稱

1.由此切換到工
作區域2

背面 —— 公司標語 / 服務項目

2.按「字元」鈕

3.字元格式設定
如圖

1.依序輸入公司
標語與服務內
容

4.點選「矩形工
具」

5.繪製一黑色的
區塊

6.再輸入白色的
「服務項目」
等字

7.顯示目前的編
排效果

13-5 標題文字藝術化

　　為了讓拿到名片者能夠對公司名稱的印象更深刻，這裡我們要將公司名稱藝術化，也就是將文字變更成路徑，這樣就可以利用「直接選取工具」來改變路徑上的錨點。不過變更成路徑後，文字就無法再利用「字元」面板來修正字元格式了。

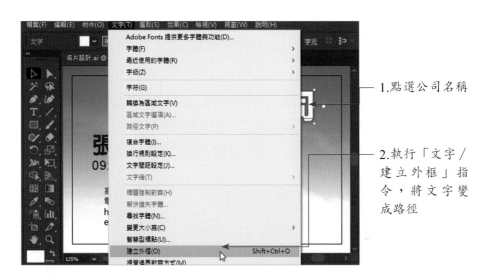

1.點選公司名稱

2.執行「文字 / 建立外框」指令，將文字變成路徑

3.點選「直接選取工具」

4.點選路徑上的錨點，拖曳錨點即可改變文字的造形

5.依序修改公司
名稱，使顯現
如圖

13-6 置入點陣圖圖案

文字內容設計完成後，現在要在名片上加入雲朵的點陣圖圖案當作裝飾。「點陣圖」模式的圖片處理方式，各位可以參閱第十章的介紹。這裡直接利用「檔案／置入」指令來置入插圖，然後再依照需求更換顏色或透明度。

1.執行「檔案／
置入」指令進
入此視窗

2.點選此圖案

3.按下「置入」
鈕置入圖片

5.開啟「色票」
面板，點選色彩
使套用到圖案上

4.拖曳出如圖的
比例大小

8.按下「不透明
度」，設定不透
明度為「30」

6.加按「Alt」鍵
拖曳雲朵造形，
使再製一份

7.放大造形並置
於此處

9.開啟「圖層」
面板，將雲朵造
形移到公司名稱
之下

10.完成正面的
名片設計

13-7 加入人物的筆刷樣式

在名片的背面，我們要加入都市人忙碌地行走在雲朵之上，使營造雲端的效果。此處可以利用「筆刷資料庫」來辦到。

2.開啓「筆刷」
面板

1.切換到「工作
區域2」

3.按此鈕，下拉
「開啓筆刷資料
庫／裝飾／典雅
的捲曲和花卉筆
刷組合」指令

4.點選「線段區
段工具」

5.繪製如圖的直線

6.點選「人物」
的樣式,使之套
用

7.將筆畫寬度縮
小為「0.25」,
使人物變小

8.點選筆畫顏
色,將顏色更換
為灰色

9.完成名片的背
面設計

第十四章

旅遊導引圖的吸睛設計

　　在高速公路的休息站上，各位經常會拿到一些旅遊景點的導引圖，透過這些導引地圖或簡介，旅客們就可以按圖索驥去旅遊。這裡就以高雄左營的「蓮池潭」做介紹，我們將利用鋼筆工具、筆畫面板、路徑編修、垂直區域文字工具、剪裁遮色片等技巧做說明，讓各位輕鬆將旅遊導引圖繪製出來。

14-1 設定文件尺寸與置入參考圖

　　首先利用「檔案 / 新增」指令來設定文件尺寸。通常這些小冊子的寬度多為10.5公分，高21.5公分，而且大都是多頁面的形式，這裡限於篇幅的關係，僅就一個頁面做說明。另外，為了正確地表現出蓮池潭的地理位置，可以預先利用Google地圖查詢，並將相關地理位置擷取下來，然後置入到Illustrator中，以方便待會運用「鋼筆工具」來繪製。

1.輸入預設集名稱

2.設定如圖的寬高

3.選擇方向為直式

4.出血設為「3」

5.按下「建立」鈕

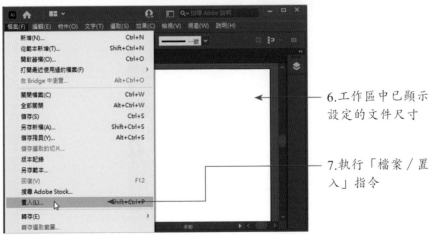

6.工作區中已顯示設定的文件尺寸

7.執行「檔案 / 置入」指令

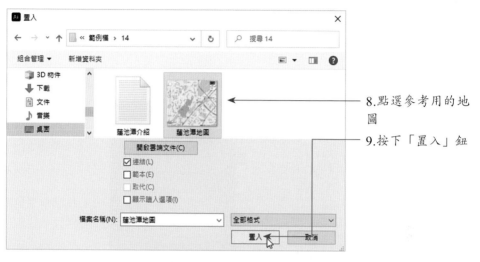

8.點選參考用的地圖

9.按下「置入」鈕

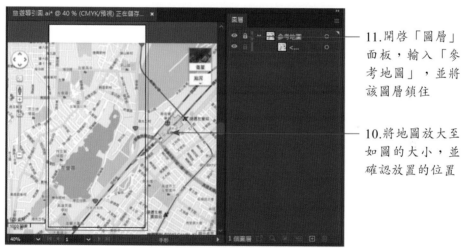

11.開啟「圖層」面板，輸入「參考地圖」，並將該圖層鎖住

10.將地圖放大至如圖的大小，並確認放置的位置

14-2 以「鋼筆工具」繪製道路／山丘／湖泊／綠地

　　確定參考地圖的擺放位置後，接下來新增圖層，以便放置所繪製的道路、湖泊、山丘、公園等圖形。由於在設計的小冊中是選用白色作為道

路，為了避免繪製的路徑與參考地圖互相混淆，可以先選擇易辨識的色彩來繪製，屆時再一起更換成白色就行了。另外，道路的大小可利用筆畫的寬度來表現喔！

2.將圖層命名為「道路圖」

1.按此鈕製作新圖層

5.設定框線寬度為「4」，端點和尖角設為圓角

3.點選鋼筆工具

4.繪製如圖的路徑

6.依序繪製如圖的道路線條，筆畫寬度設為「7」

7.端點和尖角設為圓角

8.再繪製主要道路，筆畫寬度設為「14」

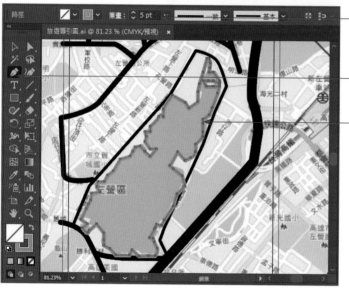

9.更換顏色為藍色，筆畫寬度為5

10.點選「鋼筆工具」

11.繪製出蓮池潭的外輪廓

12.點選填色鈕

13.按此色塊兩
下，可進入下
圖修正色彩

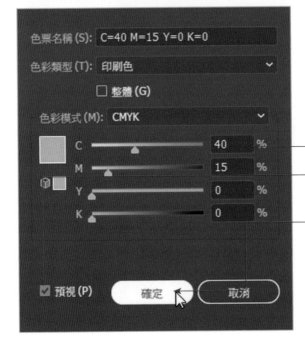

14.修正藍色的比例

勾選此項，可以預視顏色
效果

15.按下「確定」鈕離
開，使蓮池潭填入較淡
的藍色調

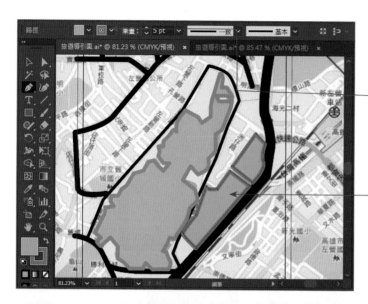

17.由此更換填
入的色彩與框
線

16.依序以鋼筆
工具繪製如圖
的濕地公園

18.依序以「鋼
筆工具」將上
方的半屏山與
下方的壽山繪
製出來，填入
綠色，框線設
為「無」

CHAPTER

14

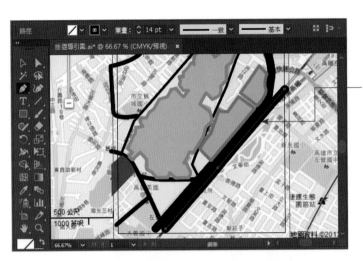

19.再以「鋼筆工具」繪製鐵道,設定黑色框線,筆畫寬度為14

20.完成主要道路與區域的繪製

14-3 以「筆畫」面板設定鐵道效果

在鐵道部分，單單利用黑色線條是無法呈現鐵道給人的印象，不過運用「筆畫」面板做調整，就可以做出鐵道的黑白線條效果。設定方式如下：

1.點選「選取工具」

2.選取黑色線條後，加按「Alt」鍵移動滑鼠，使複製一份

4.由此更換成白色框線，筆畫寬度為7

3.將兩條黑線重疊在一起

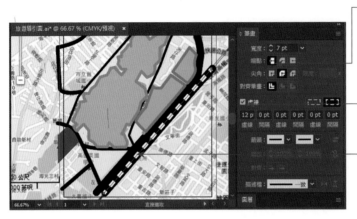

5.開啓「筆畫」
面板，將端點改
爲「平端點」，
就可以做出鐵道
的效果

6.勾選「虛線」
選項，使顯現黑
白相間的效果

7.鐵道完成囉！

14-4 以「直接選取工具」編修路徑

　　主要道路與地形區塊繪製完成後，現在可以利用「圖層」面板來關掉
參考的地圖，然後放大地圖檢視每個角落，看看道路的線條是否有沒銜接
好的地方，或是湖泊／公園與道路銜接處是否完美，如果有瑕疵，可以利
用「直接選取工具」來調整路徑的錨點。

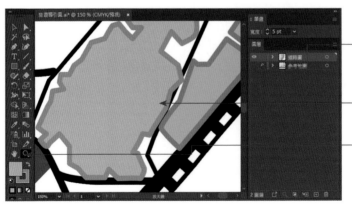

1.按此鈕隱藏
「參考地圖」的
圖層

3.依序放大地圖
的顯示比例

2.點選「放大
鏡」工具

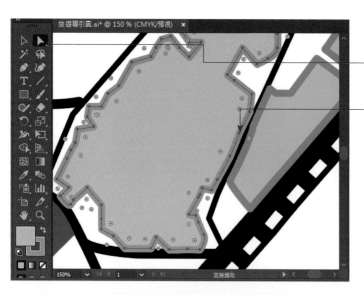

4.改選「直接選取工具」

5.按點錨點，修改錨點位置使與道路銜接，依此方式依序檢視所有線條與錨點的修正

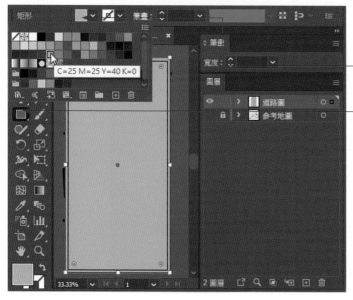

7.由此設定地圖的底色

6.點選「矩形工具」，繪製一矩形，使填滿至出血區域

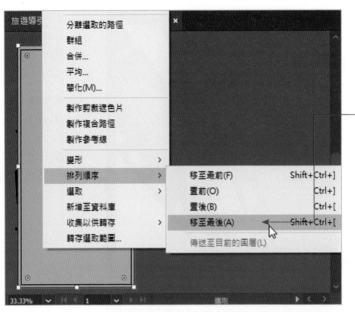

8. 按右鍵執行「排列順序 / 移至最後」指令，使矩形移到最下層

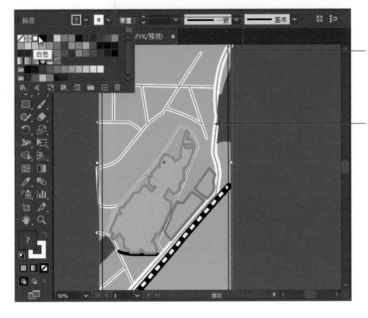

10. 由此更換成白色

9. 加按「Shift」鍵點選所有道路的線條

14-5 裝飾圖案的繪製與編修

道路圖完成後，接下來要在地圖上加入一些裝飾性的圖案，諸如：山岳造形、樹木、蓮花、蓮葉等，只要基本型繪製後，就可以利用「Alt」鍵來再製。請先在「圖層」面板上新增「裝飾圖案」的圖層，以便將所繪製的圖案放置於此。

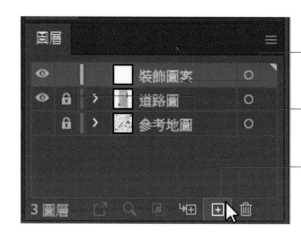

2.將圖層命名為「裝飾圖案」

按此鈕將完成的道路圖鎖住，以防不小心移動到

1.按此鈕製作新圖層

14-5-1 繪製山岳造形

3.顏色設為黃綠色

1.點選「星形工具」，並在文件上按一下

2.將星芒數設為3，按「確定」鈕離開

CHAPTER

14

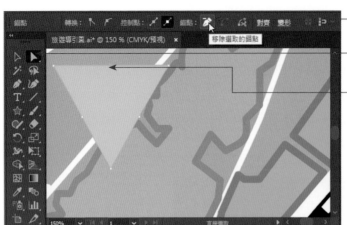

6.按此鈕刪除錨
點

4.點選「直接選
取工具」

5.依序點選中間
的錨點

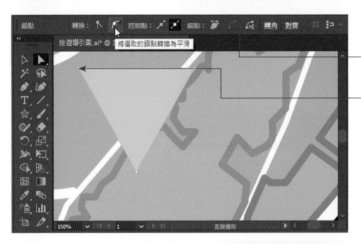

8.按此鈕轉換錨
點為平滑

7.依序點選三個
錨點

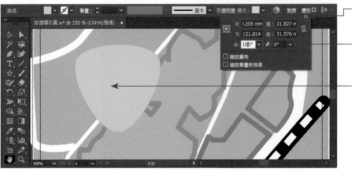

10.由此按下「變
形」鈕

11.設定造形旋轉
180度

9.圖形變平滑了

12.再製一份圖
案,將顏色設爲
綠色

14.繪製如圖的線
條

13.點選「美工
刀」工具

15.將上方的綠色
造形與淺綠色造
形相重疊,使變
成山岳的形狀

16.選取二圖形,
按右鍵執行「群
組」指令使群組
在一起

14-5-2 繪製樹木造形

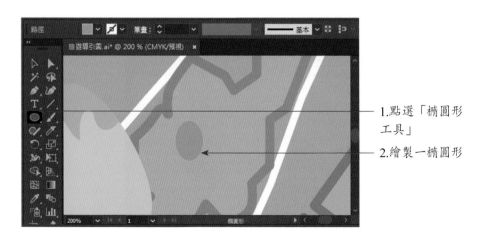

1.點選「橢圓形
工具」

2.繪製一橢圓形

CHAPTER

14

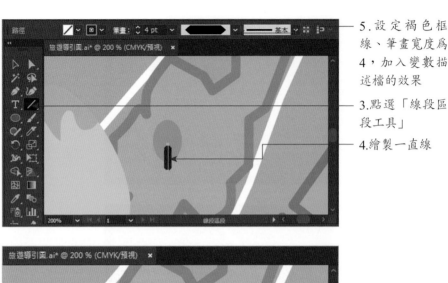

5.設定褐色框線、筆畫寬度為4，加入變數描述檔的效果

3.點選「線段區段工具」

4.繪製一直線

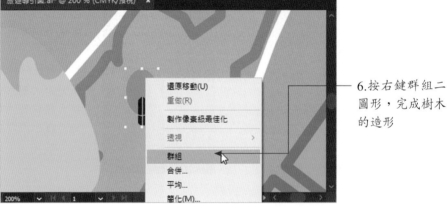

6.按右鍵群組二圖形，完成樹木的造形

14-5-3 繪製蓮花造形

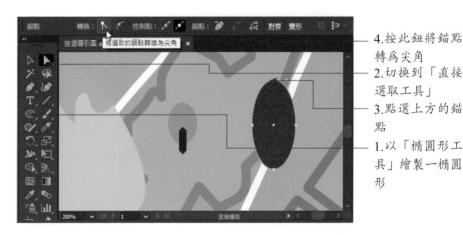

4.按此鈕將錨點轉為尖角

2.切換到「直接選取工具」

3.點選上方的錨點

1.以「橢圓形工具」繪製一橢圓形

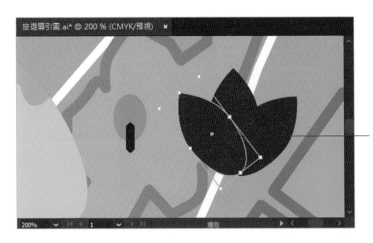

5.再製圖形2份，
並將造形旋轉如
圖

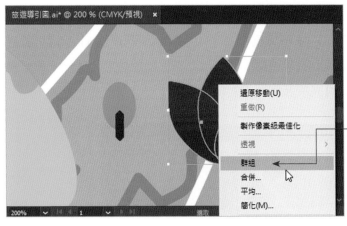

6.按右鍵群組三
個造形，使變成
花朵的形狀

14-5-4 繪製蓮葉造形

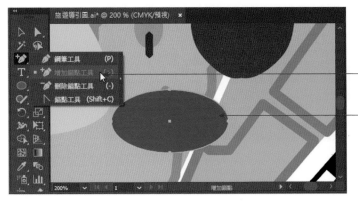

2.改選「增加錨
點工具」

1.以「橢圓形工
具」繪製一橢圓
形

CHAPTER

14

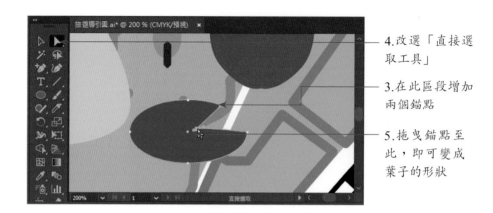

4.改選「直接選
取工具」

3.在此區段增加
兩個錨點

5.拖曳錨點至
此,即可變成
葉子的形狀

14-5-5 組合造形圖案

行文至此,基本的造形圖案都有了,現在只要利用「Alt」鍵再製造
形,利用「旋轉工具」旋轉方向,「縮放工具」縮放造形的比例,或是變
更葉子的顏色,即可完成裝飾圖案的編排。

14-6 匯入相片與剪裁遮色片

　　在小冊子中可以將蓮池潭周圍的景點位置標示出來，或是放入實景相片以供參考。而匯入的相片也可以將它放置在矩形以外的造形當中，這樣看起來才不會太呆板。此處我們將運用到「檔案 / 匯入」與「物件 / 剪裁遮色片」兩項功能，設定方式如下：

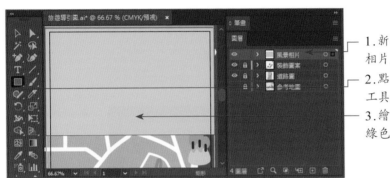

1. 新增「風景相片」的圖層
2. 點選「矩形工具」
3. 繪製如圖的綠色區塊

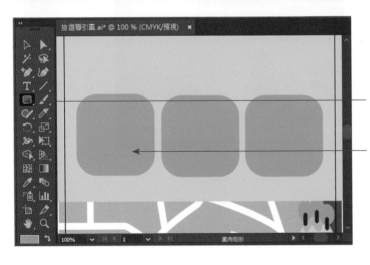

4. 點選「圓角矩形工具」
5. 拖曳出造形後再製2份，使排列如圖

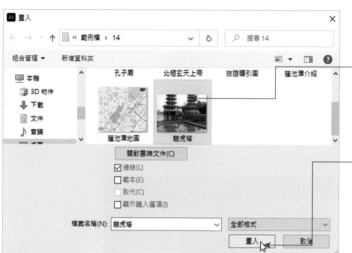

6.執行「檔案／置入」指令，使顯示此視窗，依序點選景點相片

7.按此鈕置入圖片

9.全選三個造形，按右鍵執行「排列順序／移至最前」指令，使基本型顯示在相片之前

8.依序將置入的圖片縮放到適切的大小

CHAPTER

14

10. 將相片移到圓角矩形框的下方，同時選取圓角矩形和相片

11. 按右鍵執行「製作剪裁遮色片」指令

12. 圖片已進入遮色片（圓角矩形）的區域範圍中

13. 依此方式，讓相片都顯示在圓角矩形當中

剪裁遮色片後，如果想要微調相片的位置，或是想要爲圓角矩形加入框線效果，可以透過「控制」面板做切換。

CHAPTER

14

編輯內容

1.按下此鈕

2.可個別調整
相片在框中的
位置

編輯剪裁路徑

3.由此設定筆畫
寬度

2.按此選擇框線
顏色

1.按此鈕編輯剪
裁路徑

14-7 文字設定與區域文字處理

確認圖片位置後，接著就是依序加入標題文字、相片／道路／地形等標示，以及右下角的區域文字。請先利用「圖層」面板新增「文字」圖層，以便放置所有的文字內容。

3.將圖層命名為
「文字」

1.鎖定不編輯的
圖層，以免不
小心動到

2.按此鈕製作新
圖層

標題文字

3.按「字元」
鈕，並設定字
元樣式如圖

2.輸入黑色標題
字「蓮池潭池
畔風光」等字

1.點選「文字工
具」

相片說明

2.按「字元」
鈕，設定格式
如圖

1.依序輸入相片
底下的說明文
字

地形標示

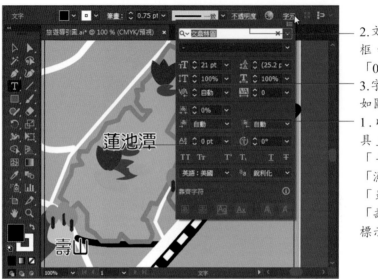

2.文字加入白色框，筆畫寬度為「0.75」

3.字元格式設定如圖

1.以「文字工具」依序輸入「半屏山」、「濕地公園」、「蓮池潭」、「壽山」等地形標示文字

道路名稱標示

2.設定字元格式如圖

1.選擇「文字工具」或「垂直文字工具」，依序輸入所有的道路名稱

區域文字

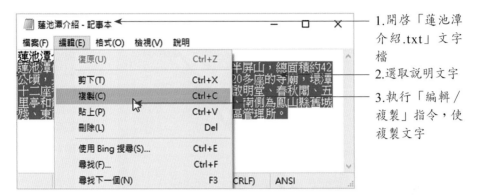

1.開啟「蓮池潭
　介紹.txt」文字
　檔

2.選取說明文字

3.執行「編輯/
　複製」指令，使
　複製文字

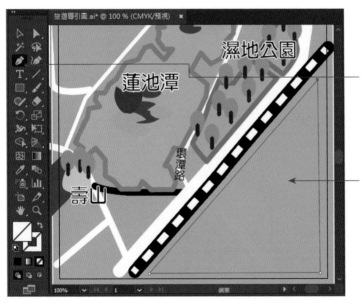

4.切換到Illustra-
　tor程式，點選
　「鋼筆工具」

5.繪製如圖的三
　角形區塊

CHAPTER

14

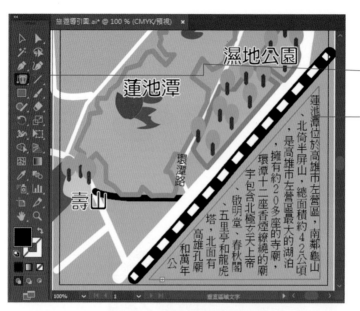

6.改選「垂直區域文字工具」

7.在三角型區塊中按下滑鼠左鍵，出現文字輸入點時，按「Ctrl」+「V」鍵將文字貼入

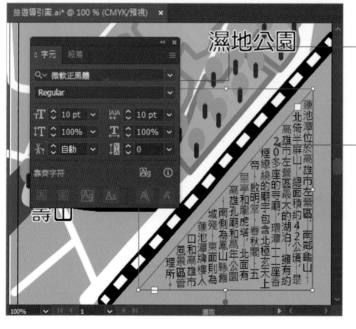

8.由「字元」面板調整字體、大小與行距，使文字能夠完全進入區塊中

9.顯示完成的說明文字

省道圖示設定

在省道圖示的標示部分，由於是三角形的圖案，我們可以利用「星形工具」來處理，設定方式如下：

1.點選「星形工具」

2.在文件上按一下，使出現如圖視窗

3.設定星芒數為3，按下「確定」鈕離開

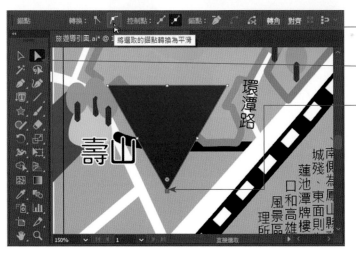

6.按此鈕將錨點轉為平滑

4.點選「直接選取工具」

5.分別點選三個角的錨點

CHAPTER

14

CHAPTER

14

8.按此鈕將錨點刪除

7.依序點選中間的錨點

9.加入數字後,選取圖形和數字,按右鍵執行「群組」指令

10.以「選取工
具」加按「Alt」
鍵移動圖形，即
可複製圖形，完
成主要道路的標
示

14-8 以「筆畫」面板設定導引線

　　行文至此，旅遊導引地圖大致完成，最後只要利用「鋼筆工具」將景
點位置與景點相片連接起來就行了。此處我們以「筆畫」面板來設定線條
效果。

1.新增圖層，將
圖層命名為「導
引線」

3.框線設爲紅
色，筆畫寬度
爲2

2.繪製如圖的三
條指引線

4.先點選線條

5.開啓「筆畫」
面板，前端套用
「箭頭35」，
縮放75%，後
端套用「箭頭
21」，縮放75%

6.以同樣方式完成
　另兩條的設定

第十五章

插畫創作品味指南

　　網路上經常可以看到許多人生格言或勵志短句，這些格言或短句往往是聖賢或偉人的人生經驗談，常看這些格言短句能激勵或警惕自己，以便時時反省自己的行為舉止。在這個範例中將以「境隨心轉，心安平安」作為插畫的主題，由此來發想並設計插畫，期望收到這句格言短句的人，都有想收藏它或分享它的欲望。

15-1 設定文件尺寸

　　首先要利用Illustrator來設定文件尺寸。這裡選擇A4大小的紙張，以便將來可以做列印輸出。啟動Illustrator程式後執行「檔案／新增」指令。

1.選擇「列印」類別
3.輸入名稱
2.點選「A4」大小
4.出血設為「3」
5.按下「建立」完成A4文件的設定鈕

　　建立空白文件後，執行「檔案／儲存」指令先儲存文件。

15-2 以「線段區段工具」加入線條紋理

　　為了不讓背景底圖太過單調，這裡要利用「線段區段工具」來加入橫線條作為裝飾。請先繪製一條灰色橫線，加按「Alt」鍵來位移線條，它會自動複製一份圖形，再利用「Ctrl」＋「D」鍵就可以相同距離來重複複製線條。

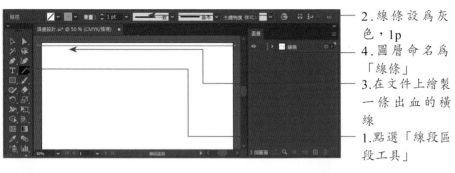

2.線條設為灰色，1p

4.圖層命名為「線條」

3.在文件上繪製一條出血的橫線

1.點選「線段區段工具」

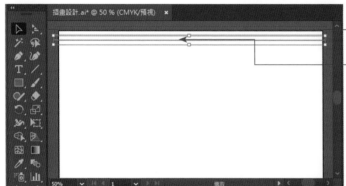

5.改選「選取工具」

6.加按「Alt」鍵往下移，使複製一條橫線

7.依序按「Ctrl」+「D」鍵，即可完成如圖的線條版面

15-3 置入去背景的影像圖片

　　線條完成後，現在準備將PSD格式的影像圖片置入進來，以便確定位置。此影像圖片主要是利用Photoshop的選取工具概略圈選盆景部分，利用「圖層／新增／拷貝的圖層」指令將選取區變成獨立的圖層，關閉「背景」圖層後再儲存為PSD格式，即可以透明背景的方式置入到Illustrator中。

在Photoshop中關閉背景影像的圖層，儲存為PSD格式，即可變成去背景的影像畫面

　　接下來要將PSD格式的影像檔置入到Illustrator中。

2.將圖層命名為「花盆」

3.執行「檔案 / 置入」指令

1.按此鈕製作新圖層

CHAPTER

15

4.點選已去背景的檔案

5.按此鈕置入

CHAPTER

15

6.以滑鼠拖曳出如圖
的比例大小，1並將
圖片置於文件右側，
使畫面顯現如圖

15-4 加入漸層背景色彩

爲了增加背景顏色的豐富度，這裡要利用「矩形工具」繪製一個與文件等大小的矩形，再利用「視窗／漸層」指令開啓「漸層」面板，以便設定所需的漸層效果。

CHAPTER

15

1. 新增圖層，
命名為「漸層
背景」，並放
在最下層

4. 設定為線性
漸層

2. 點選「矩形
工具」

3. 繪製全版面
的矩形區塊

5. 執行「視窗/
漸層」指令開
啟「漸層」面
板，設定如圖
的漸層效果

綠色：C50，
M0，Y100，
K0

褐色：C30，
M50，Y75，
K10

6. 完成漸層背景
的設定

15-5 以「橢圓形工具」繪製多層次圈圈

　　確定底圖效果後，接下來利用「橢圓形工具」繪製數個不同色彩的圓形，群組後加以複製、縮放大小、旋轉，再透過「不透明度」的設定，就可以產生絢麗的多色彩效果。

1.新增「圈圈」圖層，將圖層置於「花盆」圖層之下

3.繪製如圖的四個圓形圖案

2.點選「橢圓形工具」

4.全選圖形，按右鍵執行「群組」指令

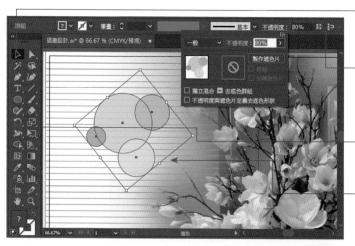

6.利用「選取工
具」可以縮放
圖形

8.按下「不透明
度」，可下拉
設定不透明的
程度

7.利用「旋轉工
具」可以旋轉
造形

5.加按「Alt」
鍵拖曳群組
物，可複製圖
形

9.依序加按
「Alt」鍵複製
圖形、縮放、
旋轉、不透明
度設定，即可
完成如圖的效
果

15-6 以「繪圖筆刷工具」加入點狀的裝飾圖案

　　在盆花的上方，筆者打算運用「繪圖筆刷工具」來加入裝飾性的散佈圖案。請執行「視窗／筆刷」指令開啟「筆刷」面板，先將「裝飾_散佈」的筆刷資料庫匯入進來。

1.開啟「筆刷面板」

2.按此鈕，下拉選擇「裝飾／裝飾_散佈」的選項

3.新增圖層於「花盆」之上，命名為「裝飾圖案」

4.點選「繪圖筆刷工具」

6.拖曳滑鼠使畫出線條

5.點選此圖案

CHAPTER

15

7.點選筆
畫，下拉
可以改變
點狀的比
例大小

8.隨意加入繪圖筆觸，控
制筆畫大小，即可完成
如圖畫面

15-7 影像加入Photoshop效果

　　在此畫面中，為了讓盆花的效果更醒目，更具藝術效果，這裡要加入Photoshop的「乾性筆刷」效果，我們直接在Illustrator軟體中就可以加入Photoshop效果。

1. 按此鈕，使選取「花盆」的圖層影像

2. 執行「效果／效果收藏館」指令

6. 按此鈕確定

3. 點選「藝術風」的類別

5. 由此設定細項內容

4. 選擇「乾性筆刷」效果

CHAPTER

15

7.花的效果較先前突出鮮
明

15-8 加入標題特效與內文

底圖處理完成後,最後就是加入標題文字和內文,為了突顯標題文字,這裡還會運用Illustrator效果來加入陰影效果。

1.新增「文字圖層」

2.點選「文字工具」,至頁面上輸入標題字「境隨心轉心安平安」

3.設定為白色
字，並按下
「字元」，設
定字形、大小
如圖

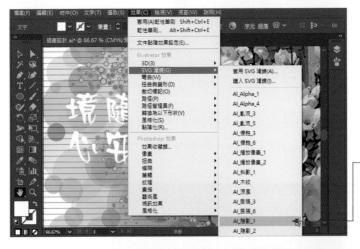

4.執行「效果
/SVG濾鏡/
AI_陰影_1」
的指令

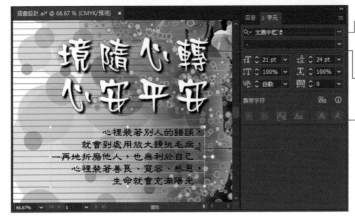

6.設定字元格式
如圖

加入陰影效果
的標題變明顯
了

5.依序輸入內文
字

境隨心轉
心安平安

心裡裝著別人的錯誤，
就會到處用放大鏡挑毛病，
一再地折磨他人，也無利於自己，
心裡裝著善良、寬容、感恩，
生命就會充滿陽光

————7.完成畫面的編排

第十六章

小編不藏私的雜誌視覺攻略

　　在這個應用範例中，我們將要製作一份從右到左閱讀的雜誌稿，透過雜誌稿的製作，各位將對文件建立的方式更加了解，同時熟練段落樣式的設定及圖文編排的技巧，讓各位在製作長文件時，能夠輕鬆上手。

16-1 設定版面方向與多頁文件

　　市面上的雜誌相當多，大致上分為兩種：一種是由左至右的閱讀版面，這類型的雜誌大多是採用橫排的文字方向，另一種則是由右向左的閱讀版面，大多用於直排的文字方向。因此在新增文件時，我們必須先決定好版面的方向，同時大概估算所要的頁數，如果不夠用或有多餘的頁面（工作區域），屆時再利用「工作區域」面板來新增或刪除。

　　請執行「檔案／新增」指令，先新增一份寬21公分、高28公分、4頁的文件。

1.輸入名稱

2.工作區域的數量設為「4」

3.設定雜誌的寬度和高度、方向、出血如圖

4.按下「建立」鈕

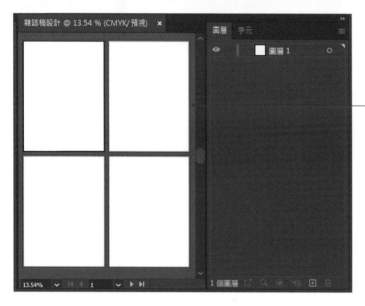

5.文件設定完成，顯現四頁的空白工作區域

16-2 以尺標設定參考線

　　文件尺寸設定後，接下來就是顯示尺標，再利用尺標拉出參考線，以便確定雜誌內容編排的區域範圍，或是作為頁碼、頁眉的對齊基準。此處

我們準備將天、地、左、右各設為2公分的距離。另外文章的起頭處則保留6公分的距離，以便放置文章的標題。

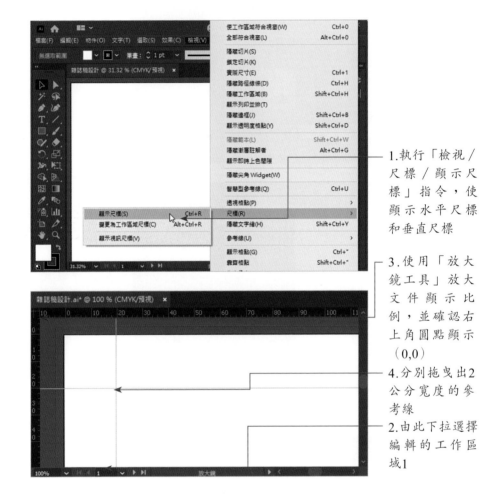

1.執行「檢視／尺標／顯示尺標」指令，使顯示水平尺標和垂直尺標

3.使用「放大鏡工具」放大文件顯示比例，並確認右上角圓點顯示（0,0）

4.分別拖曳出2公分寬度的參考線

2.由此下拉選擇編輯的工作區域1

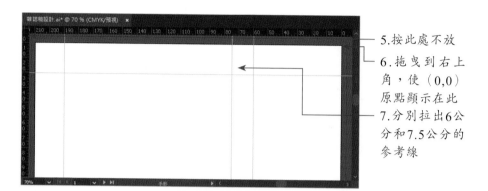

5.按此處不放

6.拖曳到右上角，使（0,0）原點顯示在此

7.分別拉出6公分和7.5公分的參考線

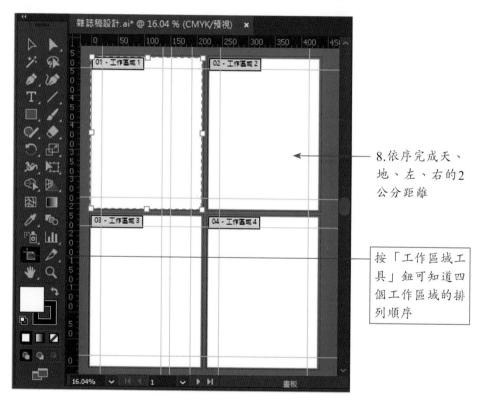

8.依序完成天、地、左、右的2公分距離

按「工作區域工具」鈕可知道四個工作區域的排列順序

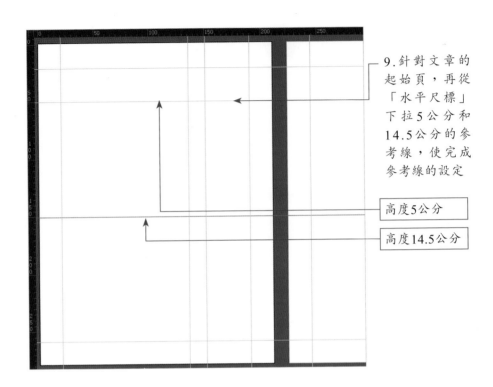

9.針對文章的起始頁，再從「水平尺標」下拉5公分和14.5公分的參考線，使完成參考線的設定

高度5公分

高度14.5公分

特別注意的是，（0,0）原點是設定在文件的邊界上而非出血線上喔！

16-3 以「檔案／置入」指令插入文案

參考線設定完成後，接著就是選擇文字工具拖曳出文字區塊，再將文案直接置入到文字區塊中。

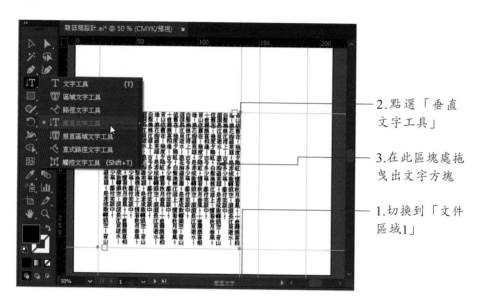

2.點選「垂直文字工具」

3.在此區塊處拖曳出文字方塊

1.切換到「文件區域1」

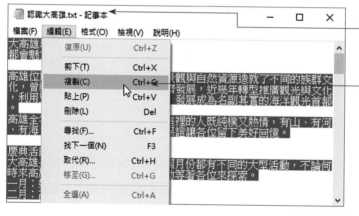

4.開啓「認識大高雄.txt」文字檔

5.全選文字後，執行「編輯／複製」指令複製文案

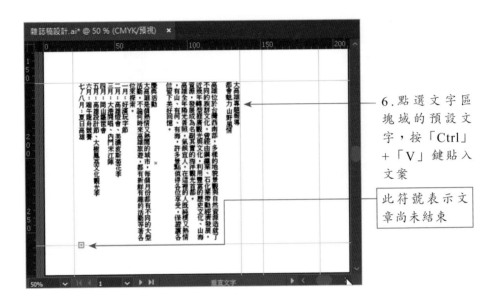

6.點選文字區塊域的預設文字，按「Ctrl」＋「V」鍵貼入文案

此符號表示文章尚未結束

　　文字框的左下角出現 ⊞ 溢排符號，這是表示還有文字內容未顯示出來，稍後只要點選該圖示，再到新的頁面上拖曳出文字區塊，即可繼續文章的編排。

16-4 分欄設定

　　在雜誌中經常會看到版面被分割成2欄、3欄或4欄，這是因為文字如果過長，讀完一行後要再看下一行時，眼睛移動的距離過長，容易造成看錯行，讓文章讀起來較不順暢，而經過分欄處理後，會加快閱讀的速度且較順暢。

　　要做分欄的設定，各位可以利用「文字／區域文字選項」指令來處理，這樣若要修改版面也比較容易。

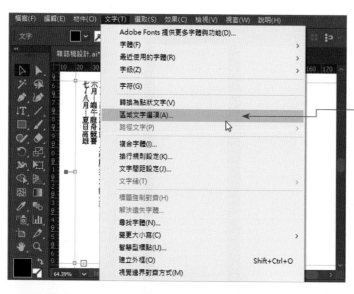

1.文字框選取的情況下，執行「文字／區域文字選項」指令

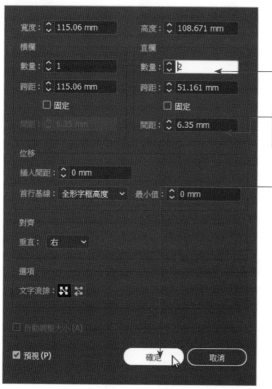

2.由此設定直欄數量為「2」

這裡可以自訂欄與欄之間的距離

3.按此鈕確定

CHAPTER

16

CHAPTER

16

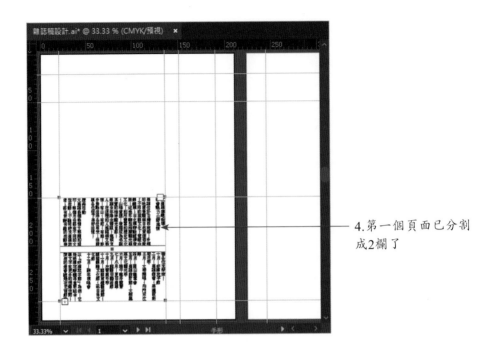

4.第一個頁面已分割
成2欄了

16-5 新增與設定段落樣式

　　文字置入後，接著就是依序新增與設定各種的段落樣式，以便後面
的段落可以快速套用。在此範例中將設定「內文」、「標題」、「項目清
單」三種段落樣式，其新增與設定方式如下：

內文

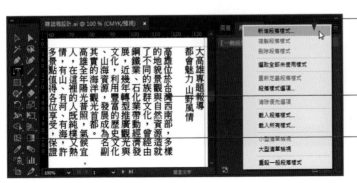

3.開啟段落樣式
面板，按此鈕
執行「新增段
落樣式」指令

2.將輸入點放在
此段內文中

1.點選「垂直文
字工具」

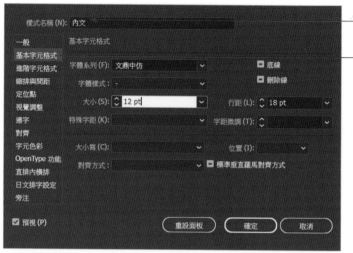

4.輸入樣式名稱
為「內文」

5.切換到「基本
字元格式」，
選擇「文鼎中
仿」字體，大
小設為「12
pt」，行距設
為「18 pt」

CHAPTER

16

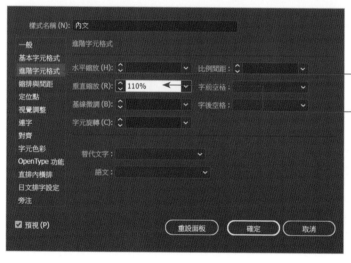

6.切換到「進階
字元格式」

7.垂直縮放設定
為「110%」

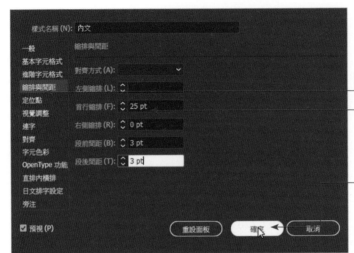

8.切換到「縮排與間距」

9.設定首行縮排為「25pt」，段前與段後間距皆設為「3」

10.按下「確定」鈕離開

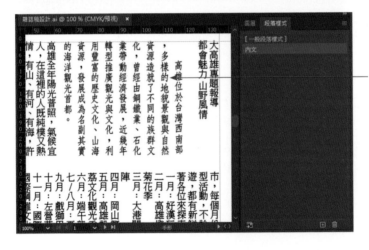

11.點選「內文」的樣式，就可以看到段落文章已變成「內文」的段落樣式

標題

　　「內文」段落樣式設定完成後，接著進行設定「標題」的段落樣式。請將文字輸入點放在標題「慶典活動」中，從「段落樣式」面板上執行「新增段落樣式」指令，輸入「標題」的樣式名稱，接著依序設定如圖的內容。

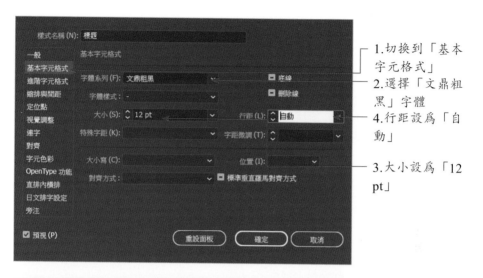

1.切換到「基本字元格式」

2.選擇「文鼎粗黑」字體

4.行距設爲「自動」

3.大小設爲「12 pt」

CHAPTER

16

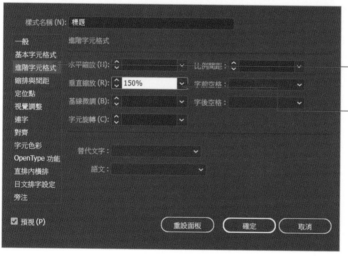

5.切換到「進階字元格式」

6.垂直縮放設定爲「150%」

CHAPTER

16

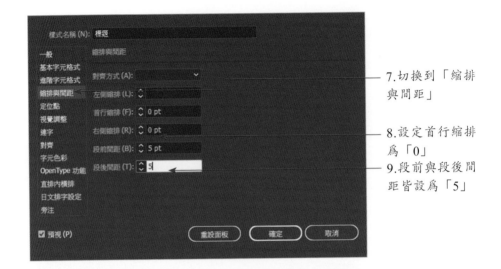

7.切換到「縮排與間距」

8.設定首行縮排為「0」

9.段前與段後間距皆設為「5」

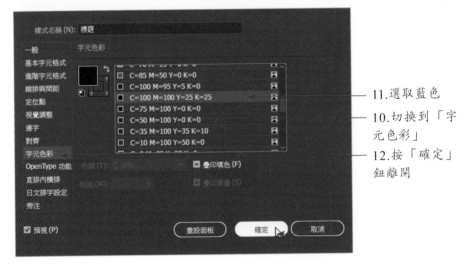

11.選取藍色

10.切換到「字元色彩」

12.按「確定」鈕離開

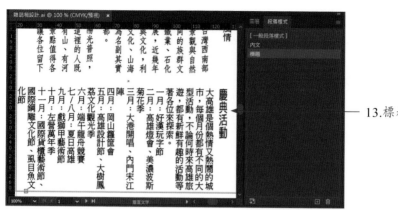

—— 13.標題完成了

項目清單

最後進行「項目清單」的段落樣式設定，請將文字輸入點放在「一月」中，然後設定如圖的視窗內容。

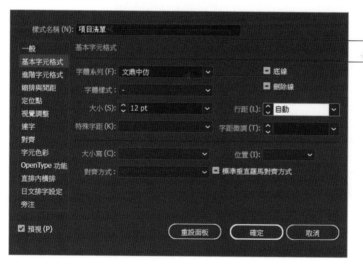

—— 1.輸入樣式名稱

—— 2.切換到「基本字元格式」，選擇「文鼎中仿」字體，行距設為「自動」，大小設為「12 pt」

CHAPTER

16

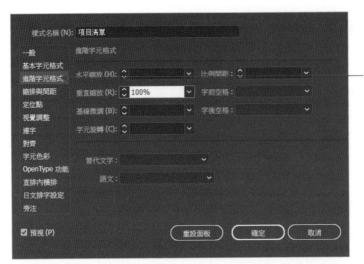

3.切換到「進階
字元格式」，
垂直縮放設定
為「100%」

4.切換到「縮
排與間距」，
設定首行縮排
為「0」，段
前與段後間距
皆設為「0」

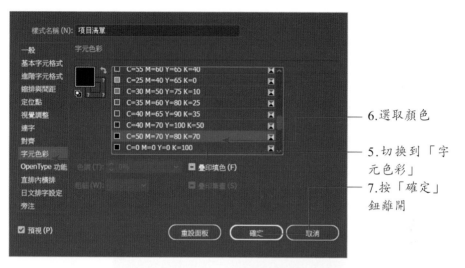

6.選取顏色

5.切換到「字元色彩」

7.按「確定」鈕離開

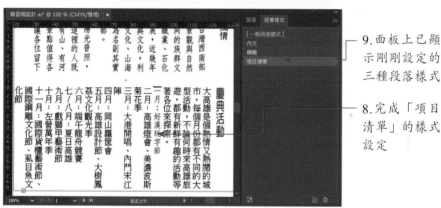

9.面板上已顯示剛剛設定的三種段落樣式

8.完成「項目清單」的樣式設定

16-6 套用段落樣式至文章

　　各種的段落樣式已設定完成後，現在準備將這些樣式套用到整篇文章中。因此，當一個文件區域無法完全顯現文章內容時，我們可以透過溢排符號 ⊞ 銜接文章到另一個文件區域中，同時透過「文字／區域文字選項」指令來設定分欄的數目。

CHAPTER

16

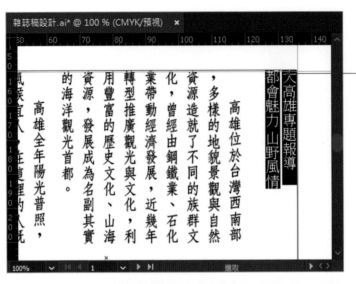

1. 以「文字工具」先選取標題文字，並執行「編輯／剪下」指令

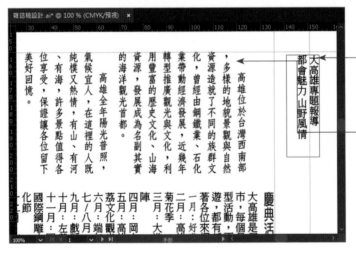

2. 拖曳出文字區塊，將文字貼入，以備之後使用

3. 將文字輸入點移到第一段落前面，按「Backspace」鍵去除多餘的段落

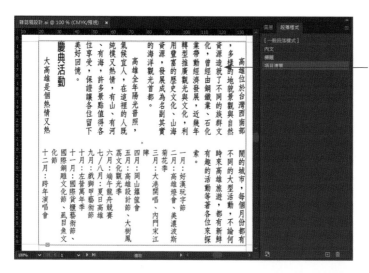

4.依序按「Backspace」鍵刪除段前的多餘空白，再透過已設定好的段落樣式來設定各段落樣式，使完成此頁面的編排

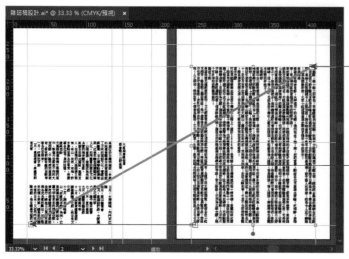

6.至第二個頁面上拖曳出矩形的文字區塊，即可看到接續的文章內容

5.以「選取工具」按下紅色的溢排符號

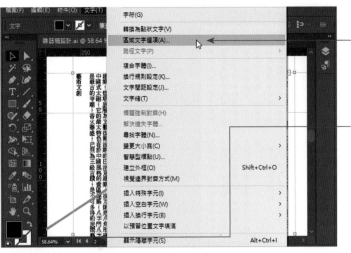

8.執行「文字
　/區域文字選
　項」指令，使
　設定分欄效果

7.切換到第二
　個工作區預

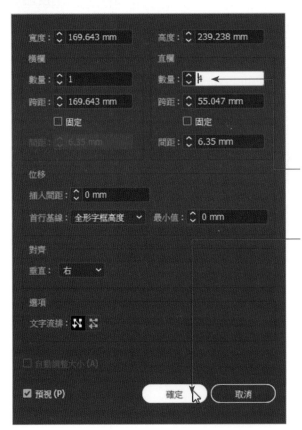

9.選擇「4」欄

10.按下「確定」鈕離開

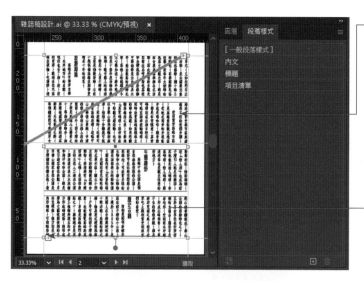

11. 分爲4欄後，依序利用「段落樣式」面板，使設定「項目清單」、「標題」，或按「Backspace」鍵刪除段前的多餘段落，直到此頁編排完成

12. 再以「選取工具」按下此溢排符號，繼續顯示文章內容於下個頁面

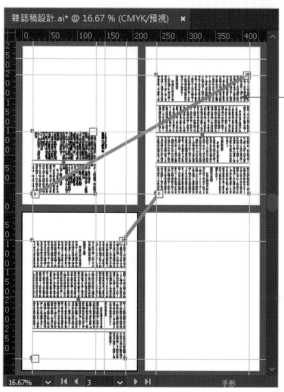

13. 拖曳出文字區塊後，同前面方式依序設定分欄、加入「標題」的段落樣式，直到文章編排完成

CHAPTER

16

16-7 置入圖片與文繞圖設定

　　文章段落設定完成後,現在要加入相關的圖片作為文章的輔助說明,並透過文繞圖方式,讓文章能順著圖片周圍依序顯示。

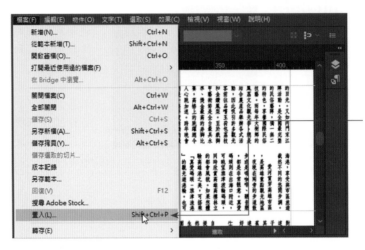

1.切換到第2頁,執行「檔案 / 置入」指令

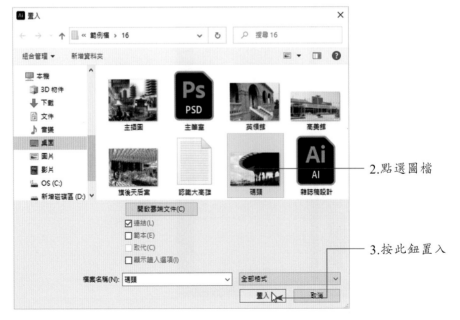

2.點選圖檔

3.按此鈕置入

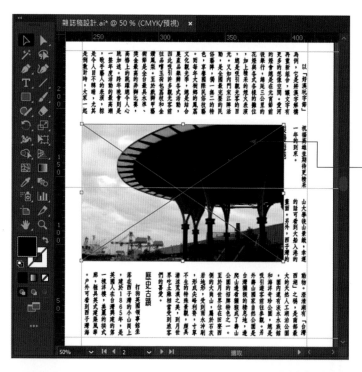

4.以拖曳方式，將圖片縮放到如圖的大小

5.同時選取圖片和文字區塊

6.執行「物件／繞圖排文／製作」指令

CHAPTER

16

7.按下「確定」鈕

8.文章已繞著圖片顯示了

若還需要調整圖片大小，請利用「選取工具」做調整

9.以同樣方式依序完成其他兩頁的編排

調整圖片大小，盡量讓文章在期望的4頁中編排完

16-8 圖片嵌入遮色片中

　　在第一個頁面中，筆者希望圖片可以呈現較特別的效果，因此將會把圖片嵌入特別的框架中，再用「符號噴灑器工具」噴出星星的符號。設定方式如下：

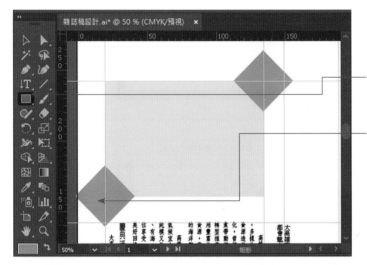

1.點選「矩形工具」，繪製如圖的黃色矩形

2.繪製橙色正方形，利用「旋轉工具」旋轉45度，再製一份後，分置如圖的位置

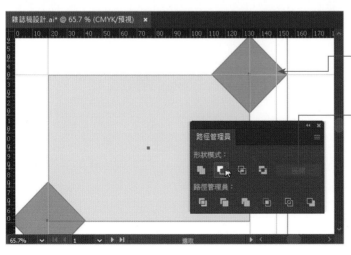

3.同時點選此正方形和矩形

4.開啟「路徑管理員」面板，按此鈕減去上層的橙色

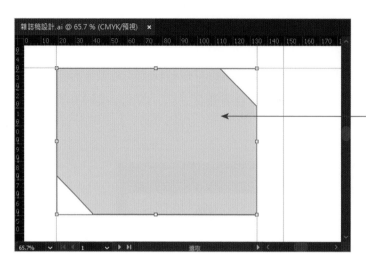

5.顯示如圖造形
後，執行「檔
案 / 置入」指
令，使進入下
圖視窗

6.選取「主插
圖」

7.按下「置入」
鈕

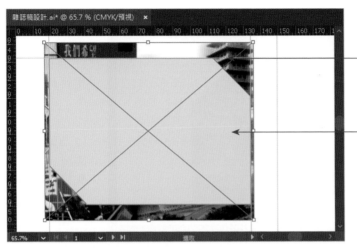

8.縮放圖片後，按右鍵將圖片移到最後面

9.同時點選圖片和黃色的造形，執行「物件 / 剪裁遮色片 / 製作」指令，使圖片嵌入遮色片中

10.由「控制」面板按下此鈕，還可以調整框架中的圖片位置

CHAPTER

16

11.切換到此鈕
可編輯剪裁路
徑

12.由此可爲路
徑加入灰色邊
框

16.至頁面上
拖曳出如圖的
效果，使完成
圖片的裝飾

13.開啓「符
號面板」，由
此下拉「開啓
符號資料庫／
慶祝」的符號

15.選擇「彩
紙」的符號

14.點選「符號
噴灑器工具」

加入彩紙後，各位還可以利用「符號縮放器工具」去修正彩紙的比例
大小喔！

16-9 建立路徑文字

圖片都處理完成後，現在要來設定標題與副標題文字。此處將以色塊
來區分標題與內文的區域，同時利用曲線來設定副標題文字，使顯現搖擺

嬌媚的風采。

1. 以「矩形工具」繪製一個綠色的圖形

2. 按右鍵執行此指令，使圖形移到最後

4. 由「字元」面板設定文鼎粗魏碑，48級字，行距「自動」，垂直縮放「140%」

3. 調整原先已貼入的標題文字的方塊位置

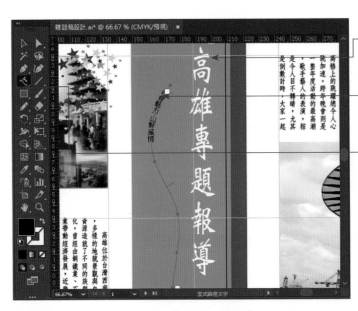

5.由「控制」面
板將標題文字
改為白色

6.點選「鉛筆工
具」，在頁面
上繪製一曲線

7.選取副標文
字，按「Ctrl」
＋「C」鍵複
製文字後，以
「直式路徑工
具」在路徑上
按一下，並將
文字貼入

8.由此設定如
圖的字元格式

9.利用「直接
選取工具」還
可以調整路徑
的弧度

10.顯示完成的
效果

16-10 頁眉的編排設定

　　頁眉的部分通常包含左 / 右頁上方的文字，此部分文字可為刊物名稱、文章標題或企劃專題等，另外還包含下方的左 / 右頁碼，方便瀏覽者可以透過目錄中標示，而快速翻頁到想要了解的主題內容。

　　此處，左頁部分我們將放置「Kaohsiung大高雄專題報導」的文章標題，右側是「主筆室報給你知」的企劃專題，下方則直接以文字方塊輸入頁碼的數值。其設定方式如下：

左頁 —— 文章標題

　　請切換到第二頁左上角，先設定如圖的文章標題。

2. 以「文字工具」輸入白色底，褐色框線的英文字

1. 以「矩形工具」繪製一個寬6公分且出血的矩形，並填入「褪色天空」的線性漸層

3. 以「文字工具」輸入黑色中文標題

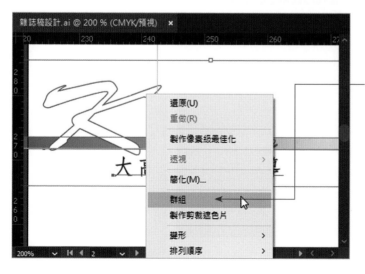

4. 全選三個物件，按右鍵執行「群組」指令，再製一份後，將群組物件移到第四頁的左上角處

CHAPTER

16

右頁 —— 企劃專題

切換到第三頁右上角，請依下面的步驟進行設定。

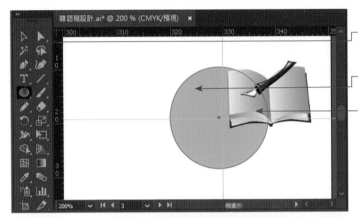

1. 點選「橢圓形工具」

2. 繪製如圖的綠色正圓形

3. 執行「檔案 / 置入」指令，置入「主筆室.psd」圖檔，並縮放成如圖大小

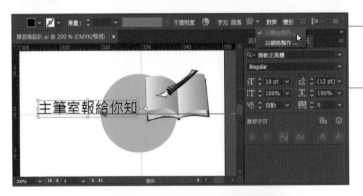

5. 按此鈕製作封套，使顯示下圖視窗

4. 以「文字工具」輸入「主筆室報給你知」等字，設定為 10 級的「微軟正黑體」

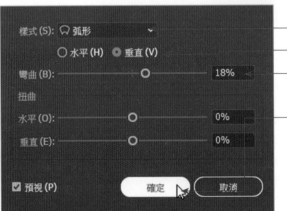

6. 點選「弧形」的樣式

7. 選擇「垂直」

8. 設定彎曲度

9. 按此鈕確定

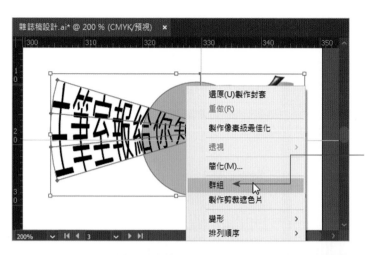

10.選取三個物
件後，按右鍵執
行「群組」指令

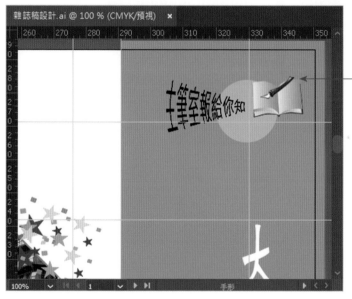

11.再製一份後
將群組物件放
在第一頁的標
題上方

頁碼

　　在本範例中，由於採用由右向左的閱讀版面，因此右頁通常為雙數
頁，左頁為單數頁。另外，在滿版的標題或廣告頁上，通常都不會加入頁
碼，因此利用「文字工具」直接在二、三、四頁輸入所需的頁碼，即可完

成雜誌的編排設定了。

1. 切換到第二頁，以「文字工具」在左側輸入單數頁碼

2. 依序切換到第三和四頁，再輸入雙數和單數頁碼

第一章　課後習題解答

實作問答題

1. **解答**：執行「編輯 / 偏好設定 / 使用者介面」指令，由「亮度」下拉選擇「中等淺色」，再按「確定」鈕離開。

2. **解答**：執行「編輯 / 偏好設定 / 使用者介面」指令，將「畫布顏色」點選為「白色」。

3. **解答**：由視窗上方的「工作區切換器」■ 鈕下拉改為「網頁」的選項。

4. **解答**：執行「檢視 / 尺標 / 顯示尺標」指令可顯示水平尺標和垂直尺標。按右鍵於尺標處，於顯示的功能表中選擇「公分」的選項。

5. **解答**：尺標分為「尺標」、「整體尺標」、「視訊尺標」三種類型。當一個文件視窗中有多個工作區時，「尺標」的原點會依據使用者所點選到的工作區左上角來顯示尺標原點。「整體尺標」皆以文件視窗最左上方的工作區的原點作為尺標原點。「視訊尺標」為視訊畫面編輯時的尺標工具。

第二章　課後習題解答

問答題

1. **解答**：執行「檔案 / 新增」指令，先選擇「列印」類別，再將工作畫板數量設為「3」。

2. **解答**：「出血」是在文件尺寸的上、下、左、右四方各加大3mm或5mm的填滿區域，當印刷完成後以裁刀裁切文件尺寸時，若對位不夠精準，也不會在文件邊緣出現未印刷到的白色紙，如此

　　　　畫面才會爲完整而無缺。

3. 解答：由左側的工具中點選「工作區域工具」，由「控制」面板上
　　　　按下「工作區域選項」鈕，由開啓的視窗中勾選「顯示中心標
　　　　記」和「顯示十字線」的選項。

國家圖書館出版品預行編目資料

Illustrator設計新手必學工作術／數位新知
著. －－初版.－－臺北市：五南圖書出版
股份有限公司, 2024.04
面；　公分
ISBN 978-626-393-144-2（平裝）

1.CST: Illustrator(電腦程式)

312.49138　　　　　　　　　113002726

5R75

Illustrator設計新手必學工作術

作　　　者 ― 數位新知（526）

發 行 人 ― 楊榮川

總 經 理 ― 楊士清

總 編 輯 ― 楊秀麗

副總編輯 ― 王正華

責任編輯 ― 張維文

封面設計 ― 姚孝慈

出 版 者 ― 五南圖書出版股份有限公司

地　　　址：106台北市大安區和平東路二段339號4樓

電　　　話：(02)2705-5066　　傳　　真：(02)2706-6100

網　　　址：https://www.wunan.com.tw

電子郵件：wunan@wunan.com.tw

劃撥帳號：01068953

戶　　　名：五南圖書出版股份有限公司

法律顧問　林勝安律師

出版日期　2024年4月初版一刷

定　　　價　新臺幣700元

經典永恆・名著常在

五十週年的獻禮——經典名著文庫

五南，五十年了，半個世紀，人生旅程的一大半，走過來了。

思索著，邁向百年的未來歷程，能為知識界、文化學術界作些什麼？

在速食文化的生態下，有什麼值得讓人雋永品味的？

歷代經典・當今名著，經過時間的洗禮，千錘百鍊，流傳至今，光芒耀人；

不僅使我們能領悟前人的智慧，同時也增深加廣我們思考的深度與視野。

我們決心投入巨資，有計畫的系統梳選，成立「經典名著文庫」，

希望收入古今中外思想性的、充滿睿智與獨見的經典、名著。

這是一項理想性的、永續性的巨大出版工程。

不在意讀者的眾寡，只考慮它的學術價值，力求完整展現先哲思想的軌跡；

為知識界開啟一片智慧之窗，營造一座百花綻放的世界文明公園，

任君遨遊、取菁吸蜜、嘉惠學子！